U0928853

辽宁省优秀自然科学著作

主要农业气象灾害发生规律及预警和评估机制研究

张玉书　主编

辽宁科学技术出版社
沈　阳

图书在版编目（CIP）数据

主要农业气象灾害发生规律及预警和评估机制研究 / 张玉书主编. —沈阳：辽宁科学技术出版社，2017.7
（辽宁省优秀自然科学著作）
ISBN 978-7-5381-9985-7

Ⅰ. ①主… Ⅱ. ①张… Ⅲ. ①农业气象灾害—监测—研究 ②农业气象灾害—评估—研究 Ⅳ. ①S42

中国版本图书馆CIP数据核字（2016）第256375号

出版发行：辽宁科学技术出版社
（地址：沈阳市和平区十一纬路25号 邮编：110003）
印 刷 者：辽宁星海彩色印刷有限公司
经 销 者：各地新华书店
幅面尺寸：185 mm × 260 mm
印　　张：11.5
插　　页：4
字　　数：252千字
印　　数：1~1 000
出版时间：2017年7月第1版
印刷时间：2017年7月第1次印刷
责任编辑：郑　红
策划编辑：陈广鹏
封面设计：嵘　嵘
版式设计：于　浪
责任校对：李淑敏

书　　号：ISBN 978-7-5381-9985-7
定　　价：120.00元

联系电话：024-23280036
邮购电话：024-23284502
http://www.lnkj.com.cn

编 委 会

主　编　张玉书

副主编　纪瑞鹏　米　娜　蒋大凯　蔡　福　张淑杰
于文颖　冯　锐　史奎桥　张富荣

编著者　（按姓名首字笔画为序）
于文颖　于增华　于慧波　才奎志　门素春
王昌华　王春远　冯　锐　史奎桥　田　莉
关德新　刘景利　孙晓巍　米　娜　纪瑞鹏
张玉书　张淑杰　张富荣　李　刚　李俊和
杨　扬　谷惠刚　陈妮娜　陈洪伟　武晋雯
赵先丽　陶　林　崔胜权　蒋大凯　蒋　超
蔡　福

作者简介

张玉书，1963年生，正研级高级工程师。沈阳农业大学硕士生导师，辽宁省遥感应用协会理事会副理事长，中国遥感应用协会理事会理事，中国农学会农业气象分会理事会理事，辽宁省省情研究会研究员，《气象与环境学报》副主编，《干旱气象》编委。主要从事农业与气象关系的监测、预测、评估，卫星遥感应用，气候变化对农业影响等领域的科研及业务工作。2003年以来，主持国家级、省部级项目共14项，其中获辽宁省政府科技进步一等奖1项、二等奖4项、三等奖7项。发表论文80余篇，其中SCI收录2篇，EI收录1篇；出版专著4部。主持及参与编制国家标准3项，主持行业标准1项、地方标准8项。3个业务系统取得软件著作权。2012年被辽宁省人民政府评为全省粮食生产先进工作者，2012年被辽宁省委、省政府评为辽宁省第六批省级优秀专家，2014年入选辽宁省“农业气象灾害”科技创新团队首席专家、中国气象局气象为农服务指导专家组成员。

前 言

改革开放以来，辽宁农业进入全面高速发展的新时期，农业生产力发展水平在全国居领先地位。2015年，全省粮食作物播种面积3297.4 khm^2，比上年增加62.3 khm^2。其中，水稻播种面积544.9khm^2，玉米播种面积2 416.8 khm^2。粮食总产量2 002.5万t，位居全国第13位，比上年增产248.6万t，增长14.2%，增幅位居全国第1位，其中，水稻产量467.7万t，玉米产量1 403.5万t。辽宁省玉米、水稻播种面积分别占全省粮食作物播种面积的73%和17%，玉米、水稻产量分别占全省粮食作物总产的70%和23%。在2009年《全国新增1000亿斤粮食生产能力规划（2009—2020年）》中已经明确了东北三省作为全国13个粮食生产核心区的地位，辽宁省为13个粮食生产核心区之一。现阶段，全省9成以上的主要粮食作物生产是暴露在自然气象环境中，粮食生产过程依然高度依赖于天气气候条件，光、温、水等气象要素不仅是粮食生产过程中的物质资源和能量来源，同时也构成了其生存环境。然而，气候变暖导致某些极端天气气候事件变得频率更高，强度更大，范围更广，灾情更重，农业气象灾害发生的轻重，在很大程度上决定了粮食收成、农产品品质优劣和农业生产成本高低，农业气象灾害频发是造成粮食减产的决定性因素。可见，气象条件直接影响作物从种到收的生长全过程，气象要素的变化或促进或阻碍农作物的正常生产，甚至形成农业气象灾害而导致最终产量减产损失。

此前，辽宁省乃至全国范围内农业气象灾害监测评估多以研究为主，在应用与社会服务中多依赖定性手段分析，定量化、精细化评估预警方法少之又少。另外，由于气候变暖，品种改变，以前的农业气象灾害指标已不能完全适用。在这样的背景下，通过对主要农业气象灾害及预警和评估机制的研究，促进农业气象灾害预警和评估技术向定量化、精细化方向发展，对于增强粮食生产能力潜力巨大。加强农业气象灾害发生规律及监测、预警和评估研究，对提高农业气象灾害监测预警和防灾减灾能力，减轻农业气象灾害影响损失，维护粮食安全，增强可持续发展具有重要的现实意义。

本书共分8章，分别介绍了大范围田间分期播种试验和低温、干旱环境控制试验的方案设计和实施步骤，如何充分利用气象历史资料和田间试验资料，分析近50年来辽宁省农业干旱、低温冷害、霜冻灾害的年际、年代际发生发展规律，揭示重大农业气象灾害形成原因和致灾机理过程，建立主要农作物不同发育期农业气象灾害的监测、评估及预警指标体系。研制了农业气象灾害风险分析技术，结合不同地区的抗灾能力，进行农业气象灾害风险分析及定量评估，确定出辽宁省主要农业气象灾害高风险区。此外，还对重大农业气象灾害典型的天气系统概念模型进行归纳和总结，研究灾害预报预警技术，实现了精细到乡镇的主要农业气象灾害实时预报预警，预警准确率提高了5%以上。基于GIS平台研发了集数据采集、风险分析、影响评估、预报预警、气象服务于一体的农业气象灾害监测预警服务系统，可以快速地开展农业气象灾害监测预警数据分析和服务产品制作。达到了依靠气象科技手段实现玉米和水稻两大作物减灾增收增效的主要目标。全书内容丰富，指标、方法、技术针对性强，不但可以作为气象部门开展为农服务工作的重要参考，相关技术、方法、成果也可在农业、农村、农民等领域、群体中推广应用。

本书由“十二五”辽宁省科学技术厅农业攻关计划项目“主要农业气象灾害发生规律及预警和评估机制研究”（编号2011210002）资助出版。

由于编者水平有限，编写时间仓促，书中难免有不妥之处，敬请读者批评指正。

编　者

2016年11月

目 录

1 农业气象灾害研究理论

1.1 技术原理

农作物生长在自然环境中，受阳光、雨露、风云、温度的影响，在适宜的气象条件下，自然会取得好的粮食产量和收成。如果某个或某几个气象要素出现了异常，导致作物生长环境的不适宜，则会发生农业气象灾害，造成作物减产。所以，农业气象灾害规律分析、预警评估的基本技术原理就是针对土壤—植物—大气连续体（SPAC）中的土壤水分、植物发育、气象要素等因子之间的相互作用和影响过程中存在的异常问题，利用农学、农业气象学、天气学、作物学、数理统计学、遥感、地理信息等技术和方法，通过田间分期播种试验，低温、干旱胁迫试验、作物模型模拟、基础生理生态观测、气象观测等综合手段，对主要农业气象灾害进行监测、风险评估、预报预警和服务等研究。

1.2 技术方案

针对东北地区农业干旱、低温冷害、霜冻等主要农业气象灾害，从对玉米、水稻两大作物影响的机制和指标入手，分析主要农业气象灾害发生规律，开展主要农业气象灾害风险分析、评估及预警方法研究，建立辽宁省主要农业气象灾害监测预警服务系统。

1.2.1 灾害监测方法和指标

综合地面、卫星遥感、天气、田间试验观测及灾情调查等多种信息，通过比对、验证、完善和建立农业干旱、低温冷害、霜冻监测指标和技术方法，实现农业干旱、低温冷害、霜冻的实时监测。

1.2.2 灾害风险评估和区划

针对主要农业气象灾害各自的特点，统计分析各灾害的历史发生规律和空间变化布局，研制包括灾害危险性、作物暴露性和作物脆弱性在内的相关灾害风险分析的定量化指标，构建灾害的综合风险指数模型，基于GIS技术开展主要农业气象灾害风险区划并制图。

1.2.3 灾害影响定量评估

基于田间试验，利用数理统计方法和作物生长模拟技术，结合现代农业气象指标、灾害影响程度和损失等因素，研究建立农业干旱、低温冷害、霜冻定量评价模型，实现农业气象灾害的定量化评估。

1.2.4 灾害天气预报预警

将数值预报产品、天气预报、延伸期预报和气候预测与作物发育期、农事、农时紧密结合，基于灾害监测指标体系，遴选导致农业气象灾害发生的天气学模型，开展农业气象灾害精细化中、短期预报及预警方法研究。

1.2.5 灾害监测预警服务系统

利用VC，VC.net等计算机语言，基于指标、模型等研究成果，在现有部分系统的基础上，完善基于GIS的主要农业气象灾害监测、预警和评估服务平台。

1.3 技术方法特征

本书所有技术以原创为主，引进、吸收技术相结合，利用地—空监测手段，通过试验模拟进行验证，针对主要农业气象灾害，设计从指标建立、灾害监测评估、预报预警及服务一条龙的研究思路，突出技术方法的实用性、可用性和适用性。

1.4 技术性能要求

田间科学试验和实施方案合理可行，技术方法保持先进成熟，灾害指标适用性强，可以实现灾害监测预警，研究成果具有较大的推广应用前景，可促进农业气象科研和业务服务发展。

2

试验方案设计与结果分析

2.1 试验方案

根据研究内容，针对玉米、水稻分别设计了田间分期播种及胁迫控制试验方案。

2.1.1 玉米分期播种试验

根据气候区的代表性，在朝阳、锦州、黑山、抚顺、庄河5地开展玉米分期播种试验。试验品种为丹玉39、丹玉99、良玉88、农华101，各站点分期播种日期如下。

黑山：4月10日、15日、20日、25日、30日，5月10日、20日、30日。

抚顺：4月15日、20日、25日、30日，5月10日、20日、30日。

庄河：4月10日、20日、30日，5月15日、30日。

朝阳：4月15日、20日、25日、30日，5月10日、20日、30日。

锦州：4月10日、15日、20日、25日、30日，5月10日、20日、30日。

具体试验观测方案见表2-1。

表2-1 玉米分期播种试验观测方案

观测时间	观测项目及要求	数据格式
播种当日	播种密度，每个播种期都观测	单位：株/m²（株/亩）
每一发育期普遍期当日	播种、出苗、三叶、七叶、拔节、抽雄、开花、吐丝、乳熟、成熟（每个播期，4个品种分别记录）	记录日期（ 月 日）
每一发育期普遍期，包括三叶、七叶、拔节、抽雄、乳熟、成熟	干鲜重：叶片（活体、死体）、茎（活体）、果实（活体）的干鲜重。每个播期每个品种各取3株 烘干处理：按农业气象观测规范（上卷）30页规定，称干重，记录 叶面积：测量干鲜重同时测量叶面积（长×宽×0.7），记录	干鲜重单位：g 叶面积单位：cm²

续表

观测时间	观测项目及要求	数据格式
4月30日播种期，第一片叶开始到不新生长叶片结束	记录叶片数、对应日期≥10 ℃活动积温， 当出现1片新叶并完全展开时，记录叶片数、对应日期、播种到记录日期≥10 ℃活动积温， 观测方法：每个品种定3株观测	单位：片（叶片数） 日期、℃
所有播种期，作物成熟后	产量结构分析，每个播种期都观测	产量单位：（kg/hm^2）
逢3日、8日	农田土壤水分观测	相对湿度（10，20，30，40，50 cm）

2.1.2 玉米干旱胁迫试验

利用锦州大型农田土壤水分控制试验场，通过开展春玉米关键发育期干旱胁迫—复水试验，分析春玉米在三叶普遍期—拔节普遍期、拔节普遍期—吐丝普遍期、吐丝普遍期—乳熟普遍期内遭受干旱过程中玉米植株形态、生理、产量的变化规律及受到的影响。

2.1.2.1 干旱胁迫试验场布局

干旱胁迫试验场布局见图2-1。

图2-1 玉米干旱胁迫试验区示意图

2.1.2.2 干旱胁迫控水方案

（1）播种—三叶普遍期，正常供水。

目的：保证所有试验区玉米正常播种和出苗。

第1～5试验区（图2-1）0～40 cm土壤水分相对湿度控制在65%～70%。每3 d观测1次土壤湿度后，根据实际情况进行补水。

（2）三叶普遍期—拔节普遍期，控水—复水。

目的：通过对玉米三叶普遍期—拔节普遍期控水，形成干旱环境，研究干旱对此发育期玉米植株形态、生理、产量的影响。复水后的补偿效应。

第5试验区的51，52，53小区，从玉米三叶普遍期开始阻隔自然降水和人为补水，该试验区3个试验小区0～60 cm农田土壤相对湿度下降至45%±5%时，复水至适宜土壤湿度（参照第1试验区）。

（3）拔节普遍期—吐丝普遍期，控水—复水。

目的：通过对拔节普遍期—吐丝普遍期控水，形成干旱环境，研究干旱对此发育期玉米植株形态、生理、产量的影响。复水后的补偿效应。

第4试验区的41，42，43小区，从拔节普遍期开始阻隔自然降水和人为补水，该试验区3个试验小区0～60 cm农田土壤相对湿度下降至45%±5%时，复水至适宜土壤湿度（参照第1试验区）。

（4）拔节普遍期—吐丝普遍期，控水—复水。

目的：通过对拔节普遍期—吐丝普遍期控水，形成干旱环境，研究干旱对此发育期玉米植株形态、生理、产量的影响。受到干旱胁迫影响后不可恢复正常生长的土壤含水量临界指标。

第3试验区的31，32，33小区，从拔节普遍期开始阻隔自然降水和人为补水，该试验区3个试验小区0～60 cm农田土壤相对湿度下降至植株凋萎时，复水至适宜土壤湿度（参照第1试验区）。

（5）吐丝普遍期—乳熟普遍期，控水—复水。

目的：通过对吐丝普遍期—乳熟普遍期控水，形成干旱环境，研究干旱对此发育期玉米植株形态、生理、产量的影响。复水后的补偿效应。

第2试验区的21，22，23小区，从拔节普遍期开始阻隔自然降水和人为补水，该试验区3个试验小区0～60 cm农田土壤相对湿度下降至45%±5%时，复水至适宜土壤湿度（参照第1试验区）。

（6）全生育期正常供水。

目的：作为其他控水试验区的对照。

第1试验区的11，12，13小区，作为春玉米全生育期对照（控水原则：各生育期内玉米生长的土壤水分维持适宜水平）。0～20 cm，20～40 cm，40～60 cm，60～80 cm，80～100 cm土壤水分相对湿度控制在75%±5%，每3 d观测1次土壤湿度后，根据实际情况进行补水。

2.1.2.3 田间观测方案

（1）土壤湿度观测。春玉米全生育期（播种—成熟）内每3 d（隔2 d）测定1次土壤湿度。该测定主要用于补水量计算，提供试验过程中的土壤湿度数据，玉米各生育期内的蒸发蒸腾量计算等。

（2）发育期观测。试验1～5区玉米发育期记录。注意试验1，2，3，4，5区分别记录。发育期观测按《农业气象观测规范》进行。

（3）补水量记录。准确记录各试验小区生育期内的补水量。用于玉米各生育期内的蒸发蒸腾量计算等。

（4）生长状况观测。从七叶普遍期开始，在15个试验小区内，每个小区选3株进行定株观测（作标记），每3 d观测1次株高、叶片数、茎粗（拔节后）。用于分析干旱胁迫后植株形态受到的影响等。

（5）生长量观测。2，3，4，5区复水前和玉米成熟后，连同1区分别观测1次叶面积、生物量（茎、叶、果实），每个小区内选3株。此外，用冠层分析仪每10 d测1次1～5试验区的叶面积指数。用于分析干旱胁迫后植株生长量受到的影响等，其中玉米成熟后的籽粒干物重和地上干物重的比值可以分析干旱胁迫对收获指数的影响。

（6）产量结构分析。全生育期结束，各小区分别做产量结构分析，按《农业气象观测规范》进行。用于分析干旱胁迫后植株产量结构受到的影响等（空秆率、株果穗数、穗位高度、果穗秃尖率、果穗重、实收平均亩产（斤）这6项补充）。

（7）干旱胁迫—复水生理状况观测。

①三叶普遍期—拔节普遍期。第5试验区的51，52，53小区复水前后，连同试验1区（11，12，13小区）采用LI-6400测定叶片光合性能（光响应曲线和光合作用日变化）。

②拔节普遍期—吐丝普遍期。第4试验区的41，42，43小区；第3试验区的31，32，33小区，复水前后，连同试验1区（11，12，13小区）采用LI-6400测定叶片光合性能（光响应曲线和日变化光合曲线）。

③吐丝普遍期—乳熟普遍期。第2试验区的21，22，23小区复水前后，连同试验1区（11，12，13小区）采用LI-6400测定叶片光合性能（光响应曲线和光合作用日变化）。

观测要求：每个小区内选3株玉米，共9株，对全展叶（抽雄前）或穗位叶（抽雄后）进行光响应曲线测定，测定时间：上午8—12时。光合作用日变化从6—18时，每隔2 h观测1次。

2.1.3 玉米低温冷害胁迫试验

2.1.3.1 玉米苗期低温胁迫试验

试验选择当地两个主栽品种（丹玉39和丹玉42），4月28日播种。低温胁迫试验主要在三叶期和七叶期进行，每个发育期2个低温胁迫处理，三叶期低温控制的日平均温度为6.1 ℃，控温期为3 d和5 d；七叶期低温控制的日平均温度为11.5 ℃，控温期为3 d和5 d。控温前后均进行控温处理玉米和对照玉米的干物重和叶面积测量。低温控制结束后，将所有幼苗移入大田，定期观测叶面积，成熟后进行产量分析。

2.1.3.2 玉米拔节期、大喇叭口期低温胁迫试验

在玉米拔节期、大喇叭口期分别进行控制试验，供试玉米品种为先玉335，处理温度为15 ℃和17 ℃，分别处理3，5，7，9 d 4个时间段。对照温度均以室外气温为对照。玉米达到胁迫试验发育期时，移入控制室进行低温处理，控温结束后，将控制处理的玉米搬到室外，自然状态下直到成熟。根据试验结果进行统计分析，取得了玉米拔节期和大喇叭口期低温对株高、生物量（干鲜重）、光合速率及产量结构等要素的影响指标。

2.1.4 玉米出苗及苗期水分控制盆栽试验

春季干旱是影响玉米能否正常播种、能否保证正常出苗和能否获得健壮幼苗的关键影响因素。通过盆栽的水分控制试验，研究不同等级土壤含水量对玉米出苗和苗期生长的定量关系，旨在解决玉米出苗、苗期生长所需的土壤含水量临界指标。

2.1.4.1 出苗试验设计

（1）土壤含水量设置。试验土壤含水量（相对）设25%，35%，45%，55%，65%，75%，85%，95%共8个处理，每个处理3个重复。试验过程中依实际情况进行控水 / 补水，以保证每盆土壤相对含水量保持在控制水平内。

（2）盆土、品种、底墒。试验用土取自耕层土壤（0 ~ 20 cm），将所取的土壤自然风干，去除杂质后装入盆内，每盆净土质量相同。玉米播种盆直径为12 cm，高为14 cm。施用等量底肥。供试玉米品种为丹玉39，每盆播3粒种子。初始底墒和含水量变化通过称重法完成。

（3）测定项目和观测方法。播种后10 d开始观测出苗数，同时观测叶片数、株高、盆内10 cm地温。观测时间 / 频率：每天上午9—10时。试验结束后（以盆中第一株玉米达三叶期为该盆试验结束），取盆中最健壮一株测量玉米株体干物质质量和根系干物质质量。

2.1.4.2 苗期试验设计

（1）土壤含水量设置。保证玉米正常出苗，试验初始底墒土壤含水量（相对）设为75%水平，6个相同处理，每个处理3个重复。幼苗长至第一片叶展开后，留壮苗1株，并开始控制水分，分别设85%，75%，65%，55%，45%，35%共6个处理，每个处理3个重复。试验过程中依实际情况进行控水 / 补水，以保证每盆土壤相对含水量保持在控制水平内。

（2）盆土、品种、底墒。玉米播种盆直径为18 cm，高为20 cm。其他同出苗试验。

（3）测定项目和观测方法。观测各盆出苗日期，出苗后开始观测叶片数、株高、叶面积、茎粗。观测时间 / 频率：上午9—10时，出苗后每3 d观测1次。试验结束后（以玉米进入七叶期后20 d为试验结束），测量玉米株体干物质质量和根系干物质质量。

图2-2为玉米盆栽试验。

图2-2 玉米盆栽试验

2.1.5 水稻分期播种试验

试验用水稻种子分别为盐丰47、辽星1、辽优5218。

播种期安排如下：

苏家屯播种期分别为4月10日、20日、30日，5月10日；移栽期分别为5月13日、23日，6月2日、12日。

大洼播种期分别以4月15日左右为第1播期，以后每隔10 d播种1期，共播3期。

移栽期分别为5月20日、30日，6月10日。

田间观测方案见表2-2。

表2-2 水稻分期播种移栽田间试验观测方案

观测时间	观测项目及要求	数据格式
移栽（前3 d）、返青、拔节、抽穗、乳熟	对应观测时间，分别观测株数、茎数、有效茎数、总茎数	单位：株/m^2（株/亩）
每一发育期普遍期当日	播种、出苗、三叶、移栽、返青、分蘖、拔节、孕穗、抽穗、乳熟、成熟（每个播期3个品种分别记录）	记录日期（ 月 日）
每一发育期普遍期，包括三叶、移栽前3 d、本田分蘖、拔节、抽穗、乳熟、成熟	干鲜重：叶片（活体、死体）、茎（活体）、果实（活体）的干鲜重，每个播期每个品种各取3穴，记录每穴株数，干鲜重以穴为单位称重计算 烘干处理：按《农业气象观测规范》（上卷）30页规定，称干重，记录 叶面积：测量干鲜重同时测量叶面积（打孔器法），记录，每个播期每个品种各取3穴，记录每穴每株叶面积	干鲜重单位：g 叶面积单位：cm^2

续表

观测时间	观测项目及要求	数据格式
分蘖开始—分蘖结束	分蘖动态：每个播期每个品种分别选定10穴挂牌标记，每隔3 d调查分蘖数（有条件的分蘖普遍期后隔天调查），直至分蘖末期	单位：个/穴
所有播期，作物成熟后	产量结构分析，每个播期3个品种都观测（穗粒数、穗结实粒数、结实率、空壳率、秕谷率、千粒重、理论产量、株成穗数、成穗率、茎秆重、籽粒与茎秆比）	产量（单位：kg/hm^2）
播种—成熟	主要田间工作记录	文字描述
晴天9—15时	光曲线：LED光源叶室。每个发育普遍期观测1次（光梯度设置13个：2 000，1 800，1 600，1 400，1 200，1 000，800，600，400，200，100，50，0） A-Ci曲线：CO_2钢瓶，每个发育普遍期观测1次（CO_2浓度梯度12个：1 500，1 200，1 000，800，600，400，200，150，120，100，80，50）；LED光源1 000 $\mu mol/m^2s$	植株叶片光合速率、蒸腾速率、呼吸速率等的计算、分析

2.1.6 水稻低温冷害胁迫试验

2.1.6.1 水稻孕穗期耐冷性试验

试验方法：选用直径25 cm左右的塑料盆，每盆插秧3株，常规管理。每盆挂牌标记在设定叶枕距范围内的单穗10个，每个品种处理6盆；3盆用于低温处理，另外3盆用于对照；处理温度为15 ℃，处理时间6 d。

试验条件：大型人工气候室。

试验品种：辽丰7、辽粳454、铁9868。

观测要素：空壳率（%）。

图2-3为水稻孕穗期耐冷性试验。

图2-3 水稻孕穗期耐冷性试验

2.1.6.2 水稻低温冷害胁迫试验

（1）5月23日播种的盆栽试验，7月24日晚开始低温控制试验。控制方式如下：

控温目标：日平均气温13 ℃，最低温度9 ℃，最高17 ℃（表2-3）。

表2-3 水稻低温胁迫控温

温度设置/℃	9	11	13	15	17	15	13	11
对应时段	0—3时	3—6时	6—9时	9—12时	12—15时	15—18时	18—21时	21—24时

低温控制天数：

开始时把2个品种的各8盆放入控制室。

控制2 d：每个品种取出2盆，放到对照区。

控制4 d：每个品种再取出3盆，放到对照区。

控制6 d：每个品种取出最后各3盆，放到对照区。

（2）6月2日播种的盆栽试验，8月5日晚开始低温控制试验，控制方式如下：

恒温15 ℃。

低温控制天数：

开始时把2个品种的各8盆放入控制室。

控制2 d：每个品种取出2盆，放到对照区。

控制4 d：每个品种再取出3盆，放到对照区。

控制6 d ：每个品种取出最后各3盆，放到对照区。

（3）8月5日从水稻田里挖出了84盆，品种为辽优（杂交稻）。8月8日晚开始低温控制试验，控制方式如下：

恒温15 ℃，13 ℃。

由于发育期进程的原因，做了孕穗期15 ℃ 1次、13 ℃ 1次，抽穗期15 ℃ 1次。

8月8日晚至11日晚，恒温15 ℃低温控制27盆（孕穗期）；8月11日晚至14日晚，恒温13 ℃低温控制27盆（孕穗期）；8月15日晚至18日晚，恒温15 ℃低温控制27盆（抽穗期）。

每个处理均为3盆。

2.2 试验结果分析

2.2.1 玉米分期播种试验结果

2.2.1.1 玉米生长发育与热量条件的关系

玉米正常生长发育需要土壤、养分、光照、水分、温度等立地条件来满足玉米生长发育的要求，当其他生态条件基本满足玉米的生长发育要求时，温度条件将起主导作用。因此，必定存在制约玉米生长发育所必需的生物学下限温度及有效积温。因为有效积温比较稳定，每个品种各生育期和全生育期所要求的有效积温基本固定，所以用有效积温表达品种的热量指标较科学、准确，即积温理论。

1735年，法国的德列奥米尔首次发现植物完成其生命周期，要求一定的积温，即植物从播种到成熟，要求一定量的日平均温度的累积。1837年，法国布森戈用植物发育过程的天数乘以期间日平均温度的方法计算了各类作物从播种到成熟所需要的“热总量”，称之为“度·日”（℃·d）。20世纪50年代苏联在农业气象服务中广泛使用，其后在中国农业气象工作中也广为应用。

作物在某一生育期内或全生育期中有效温度的总和即有效积温，

$$\sum T = A + BX \tag{2-1}$$

式中，$\sum T$ 为作物某生育期内大于生物学下限温度的活动积温（℃·d）；A 为作物某一生育期内的有效积温（℃·d）；B 为作物某生育期内的下限温度（℃·d）；X 为作物某生育期内的天数（d）。其中 X 和 $\sum T$ 可利用分期播种资料得到，B 和 A 采用最小二乘法计算。利用此方法确定出玉米播种—出苗期、出苗—拔节期、拔节—抽雄期、抽雄—乳熟期、乳熟—成熟期的生物学下限温度、有效积温和最适温度。

（1）播种—出苗期。从分期播种试验结果来看，玉米从播种—出苗期间≥10 ℃活动积温并不是一个相对稳定的值，播种—出苗所需的天数主要由此期间的日平均温度决定。播种—出苗期间的下限温度为9.883 ℃，有效积温为97.08 ℃（图2-4），随着日平均温度的增加，播种—出苗天数逐渐缩短，当日平均温度达到19～21 ℃时，播种—出苗天数可缩短至8 d（图2-5）。

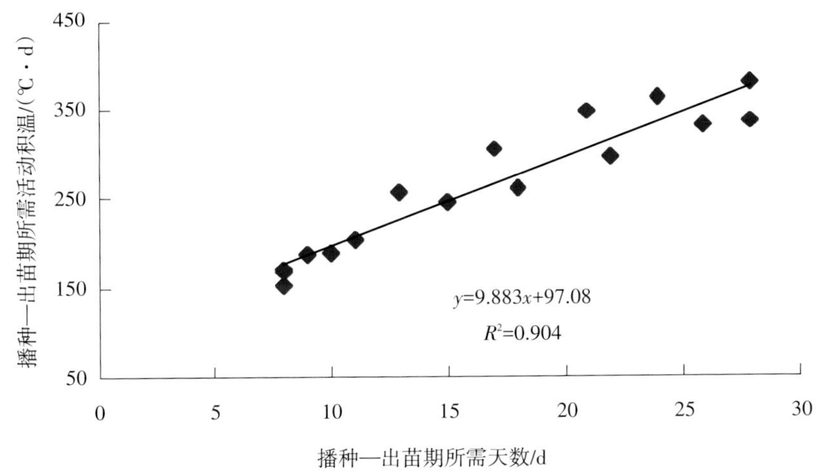

图2-4 播种—出苗期天数与所需活动积温的关系

（2）出苗—拔节期。出苗—拔节期的下限温度为13.185 ℃，有效积温为226.4 ℃·d（图2-6）。日平均温度在20.5 ℃左右，干物质积累速度达到最大（图2-7）。

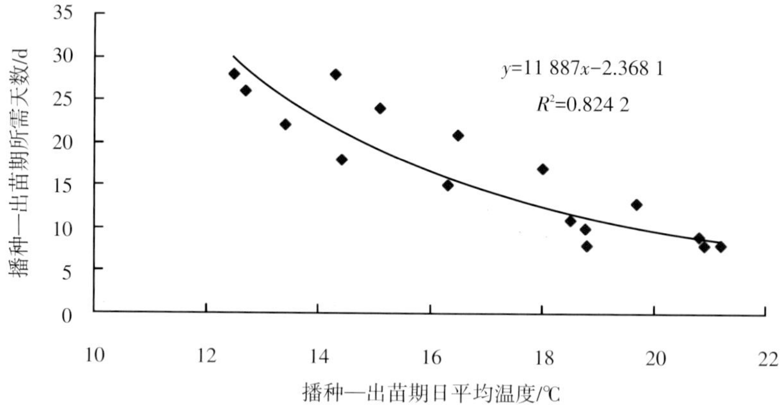

图2-5　播种—出苗期的日平均温度与出苗所需天数的关系

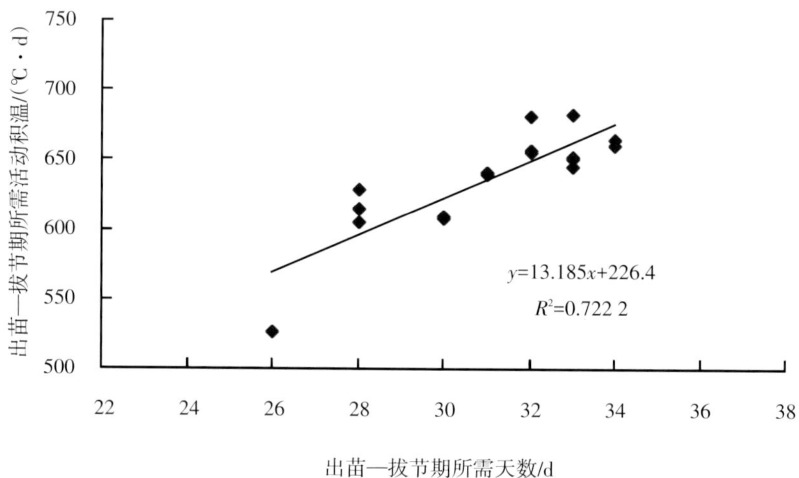

图2-6　出苗—拔节期所需天数与所需活动积温的关系

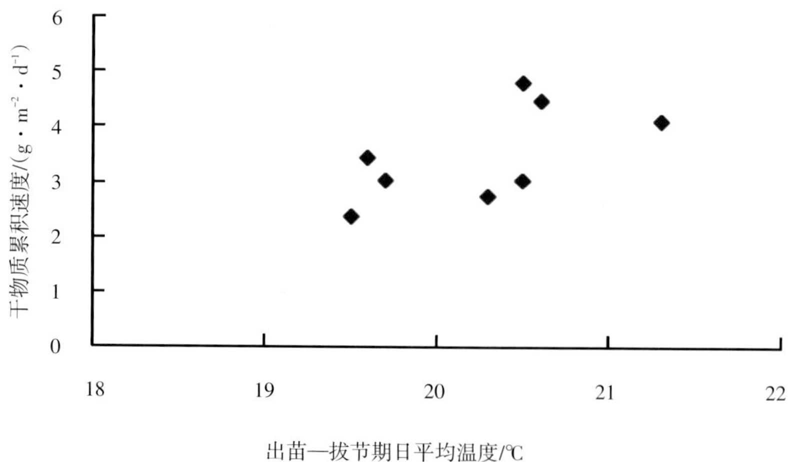

图2-7　出苗—拔节期日平均温度与干物质累积速度间的关系

（3）拔节—抽雄期。拔节—抽雄期间的下限温度为18.81 ℃，有效积温为122.6 ℃ · d（图2-8）。由图2-9可以看出，当拔节—抽雄期的日平均温度为23℃左右时，干物质累积速度最快。

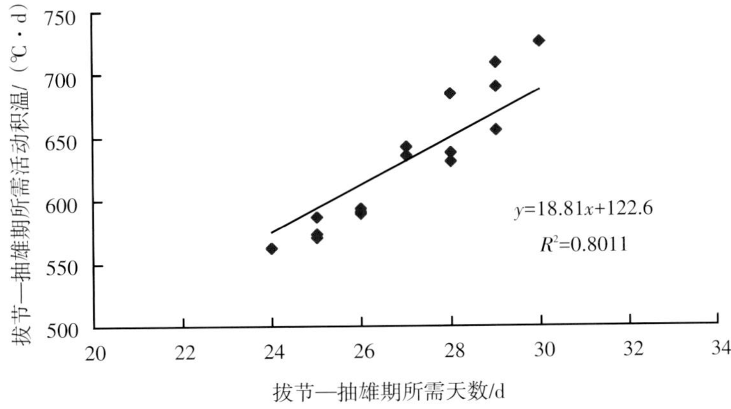

图2-8　拔节—抽雄期所需天数与所需活动积温的关系

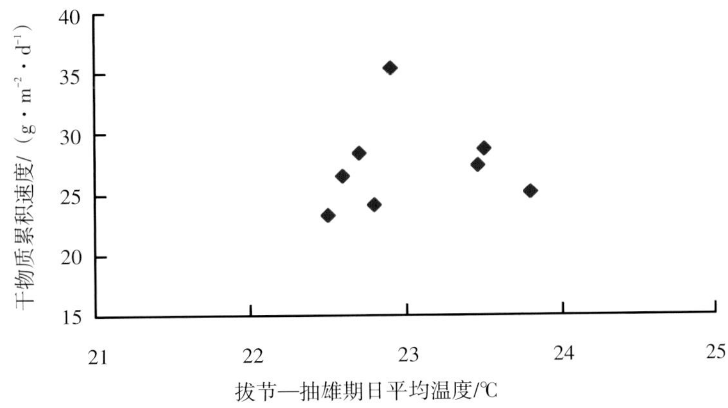

图2-9　拔节—抽雄期的日平均温度与干物质累积速度之间的关系

（4）抽雄—乳熟期。抽雄—乳熟期的下限温度为22.114 ℃，有效积温为88.6 ℃ · d（图2-10）。此期间温度越高，干物质累积速度越快（图2-11）。

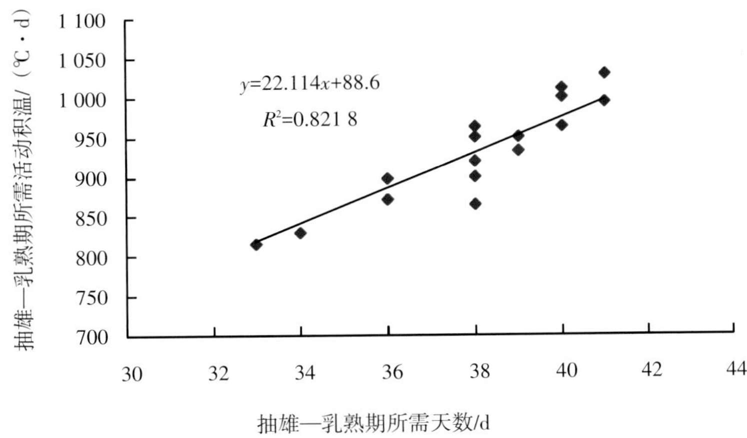

图2-10　抽雄—乳熟期所需天数与所需活动积温的关系

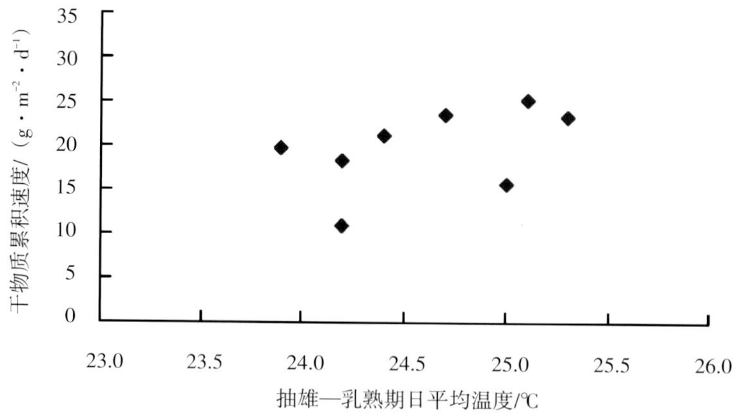

图2-11　抽雄—乳熟期的日平均温度与干物质累积速度之间的关系

（5）乳熟—成熟期。乳熟—成熟期的下限温度为16.296 ℃，有效积温为152.39 ℃·d（图2-12）。此期间，日平均温度越高，干物质累积速度越快，25 ℃时，累积速度达最大值，约为30 g/(m²·d)（图2-13）。

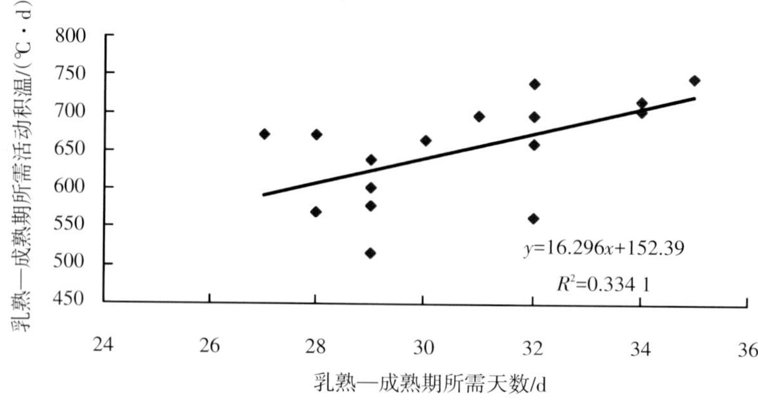

图2-12　乳熟—成熟期所需天数与所需活动积温的关系

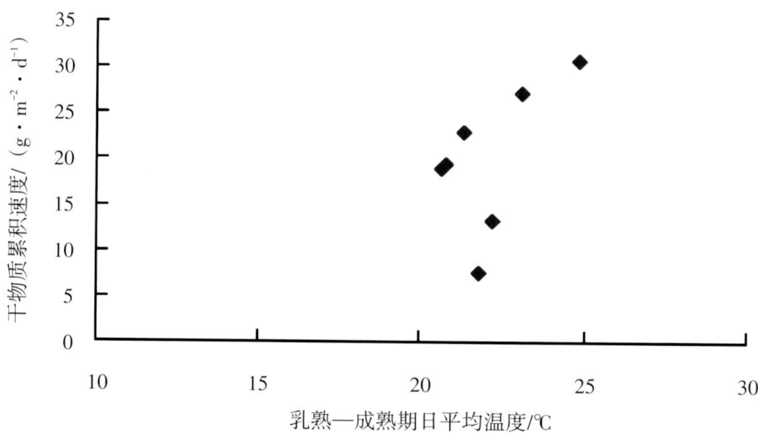

图2-13　乳熟—成熟期的日平均温度与干物质累积速度之间的关系

2.2.1.2 玉米水分利用效率对温度、降水的响应

分别在东北湿润区、半湿润区以及半干旱区选取具有较长时段作物产量、土壤墒情记录的农业气象试验站点，玉米站点的选取见表2-4。玉米站点的试验数据包括：大安、集安、朝阳1990—2009年产量、播种、成熟日期、土壤水分含量资料。

表2-4 不同气候区内玉米站点的选取情况

气候区	玉米站点
湿润区（降水量＞600 mm）	吉林集安
半湿润区（降水量450～600 mm）	辽宁朝阳
半干旱区（降水量300～450 mm）	吉林大安

在半干旱区选取吉林大安为代表站点。使用该站点1990—2009年的大田观测资料，包括产量、播种及成熟日期、土壤水分含量资料。大安市位于吉林省西北部，地处松嫩平原腹地，全年日照时数平均为3 012.8 h，年平均气温4.3 ℃，年平均降水量为413.7 mm。

在半湿润区选取辽宁朝阳为代表站点，该站点年平均气温为9.0 ℃，年平均降水量为482 mm（1961—2005年平均）。1990—2009年在该区设置大田试验，试验区面积为1/15 hm^2，试验品种为玉米中晚熟品种（2000年以前为丹玉13，2000年以后为朝丰3138），每年5月上旬播种，9月中旬至下旬成熟。根据1990—2010年的发育期记录，该区玉米的平均生育期为126 d。2009年该试验区遭遇了较严重的干旱，7月21日至8月16日期间的降水量仅为0.2 mm，干旱使得大部分作物枯死，因此未能获取2009年的产量数据。

在湿润区选取吉林集安市为代表站点。使用该站点1990—2009年的大田观测资料，包括产量、播种及成熟日期、土壤水分含量资料。该市位于吉林省东南部，年平均气温6.5 ℃，无霜期150 d左右，年降水量800～1 000 mm。

产量水平的水分利用效率（WUE_g）采用籽粒产量与整个生育期 ET（蒸散量）的比值来计算。

（1）对降水量的响应。从图2-14a、图2-14b可以看出，对于大安和朝阳站点来说，在较干旱的年份和较湿润的年份里，玉米产量水平水分利用效率均表现出较低的值。对3个气候区的站点来说，当播种—成熟期间的降水量分别为325 mm（半干旱）、391 mm（半湿润）、400～500 mm（湿润）时，产量水平水分利用效率达最高值。大安和朝阳站点 WUE_g 与播种—成熟期降水量的关系可以用一个二次曲线函数来拟合且关系显著（$P<0.05$）（大安1997年、朝阳2000年和2002年的数据除外）。

集安站点由于降水量较多，因此 WUE_g 与播种—成熟期间降水量呈现显著的线性关系（$P<0.01$）（图2-14c），WUE_g 随着降水量的增加呈现下降趋势，当播种—成熟期间降水量为400～500 mm时，WUE_g 值最高。由此可见，对于生长在不同气候区的雨养玉米农田来说，使产量水平水分利用效率达到最大值的生长期降水量是有所差别的。

结果表明，3个地区春玉米产量水平水分利用效率为0.5~2.9 kg/m^3，与我国华北平原

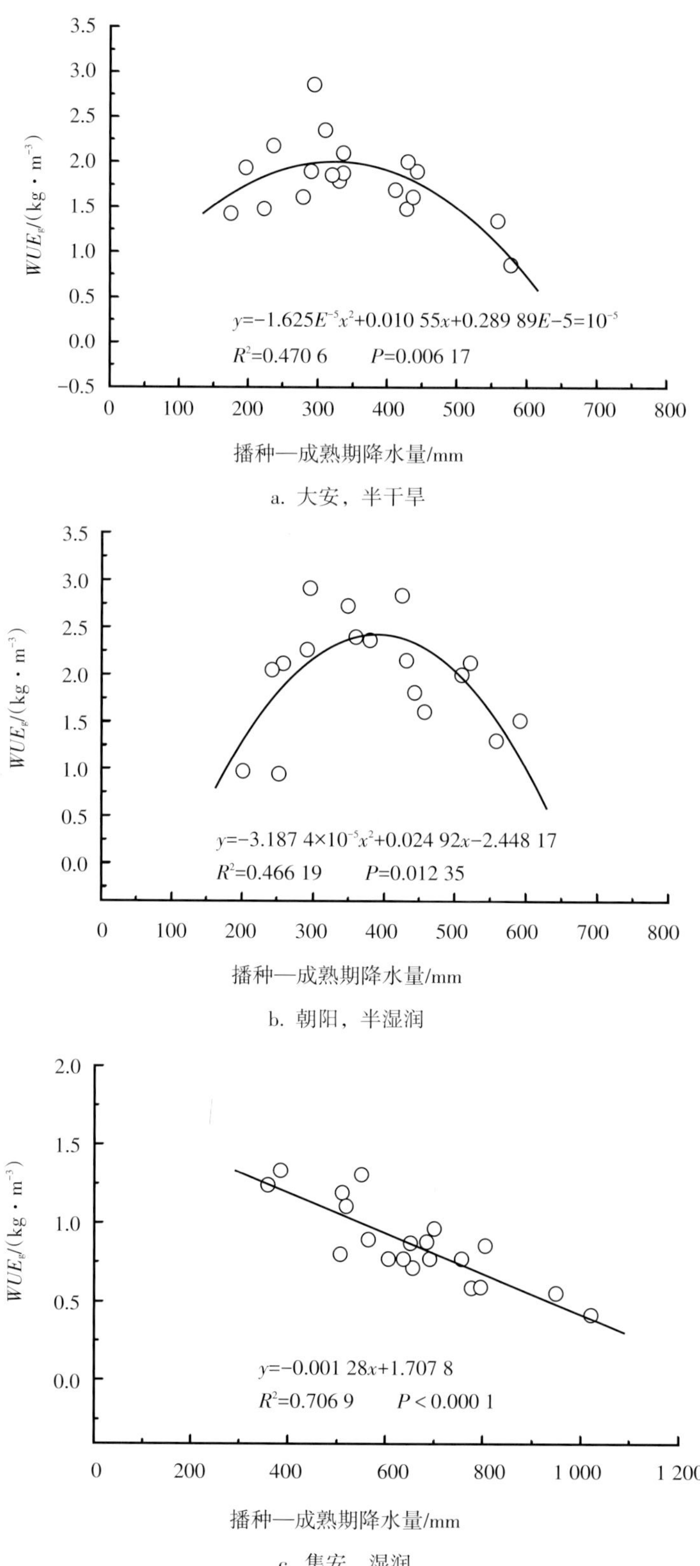

图2-14 玉米产量水平水分利用效率对播种—成熟期降水量的响应

夏玉米 WUE_g（1.6~2.3 kg/m³）和西北地区春玉米 WUE_g（1.1~2.9 kg/m³）的值相比，研究得出的水分利用效率值较为合理。

WUE_g 及籽粒产量对 ET 的响应如图2-15所示，从图2-15a、图2-15b可以看出，随着 ET 的增加 WUE_g 也随之增加，当 ET 达到约329 mm（大安）和404 mm（朝阳）时，WUE_g 达到最高值，WUE_g 与 ET 之间的关系也可以用二次曲线函数来拟合且关系显著（$P<0.05$）。集安站点 ET 与 WUE_g 呈现显著的线性关系，当 ET 为450~500 mm时，WUE_g 值较高（图2-15c）。

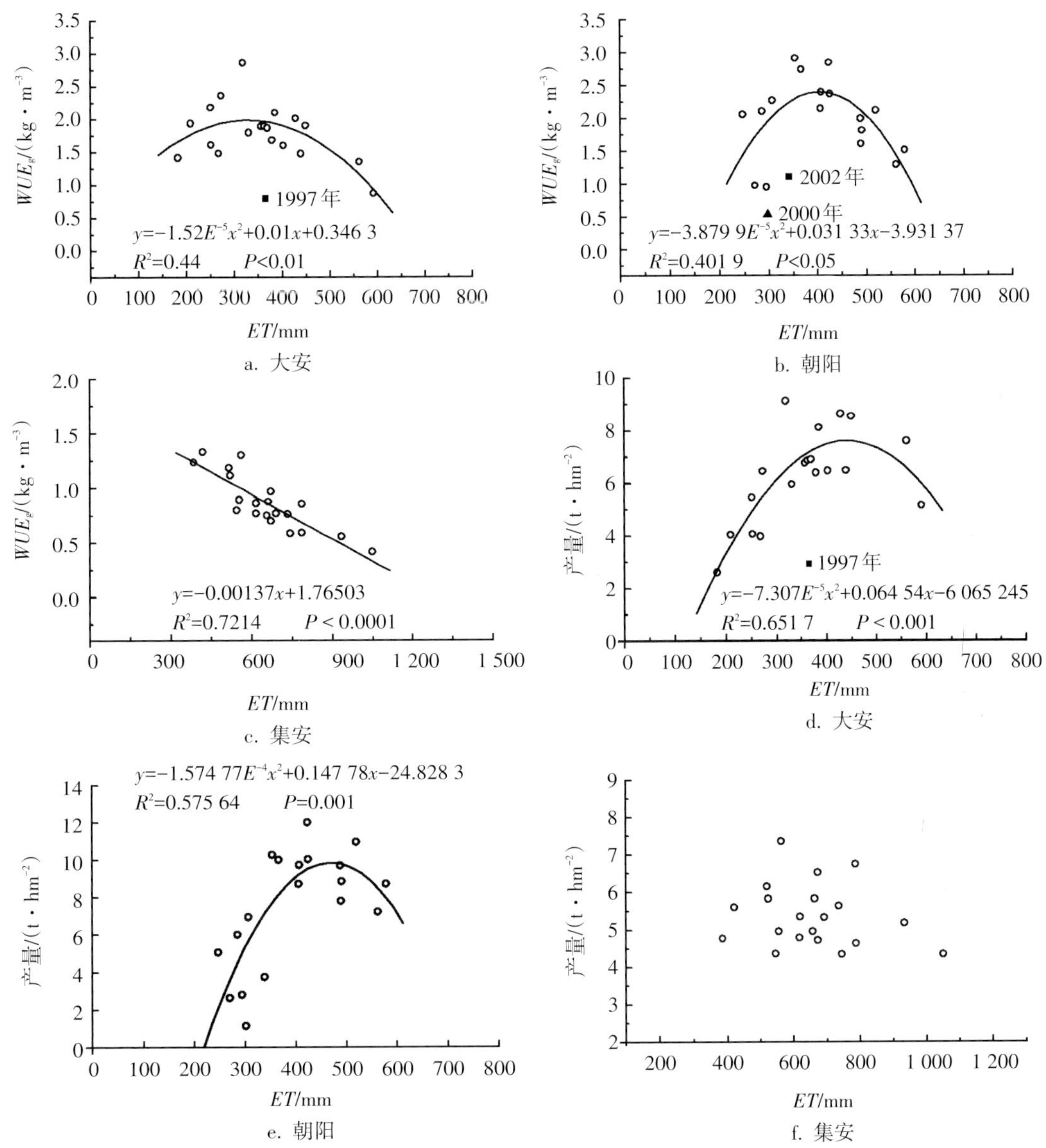

图2-15 玉米产量水平水分利用效率和籽粒产量对 ET 的响应

对大安和朝阳玉米产量与 ET 之间的关系分析表明，当 ET 超过442 mm（大安）和469 mm（朝阳）时，玉米产量将不再增加（图2-15d、图2-15e）。集安站点玉米产量与

ET 关系不明显（图2-15f）。结合玉米 *ET* 与 WUE_g 的关系，可以看出，对于大安、朝阳、集安站点，当 *ET* 为330～440 mm，400～470 mm，450～500 mm时，玉米产量与水分利用效率都能维持在较高的水平。由此可以推断，350～400 mm，400～450 mm，450～500 mm分别为这3个地区玉米的最佳经济蒸散量。尽管目前研究玉米 WUE_g 对降水变化响应的研究并不多见，但水分调亏灌溉研究的结果表明450 mm是我国西北地区玉米的经济蒸散量，WUE_g 能够达到2.9 kg/m³。该研究结果丰富了这一方面的研究内容，给出了不同气候区玉米的最佳经济蒸散量（表2-5）。

（2）对温度的响应。从不同气候区各个站点的研究结果来看，年平均温度和播种—成熟期的平均温度都与 WUE_g 没有明显的关系（图2-16）。可见，这些地区的水分利用效率主要受到水分的影响，温度不起主导作用。

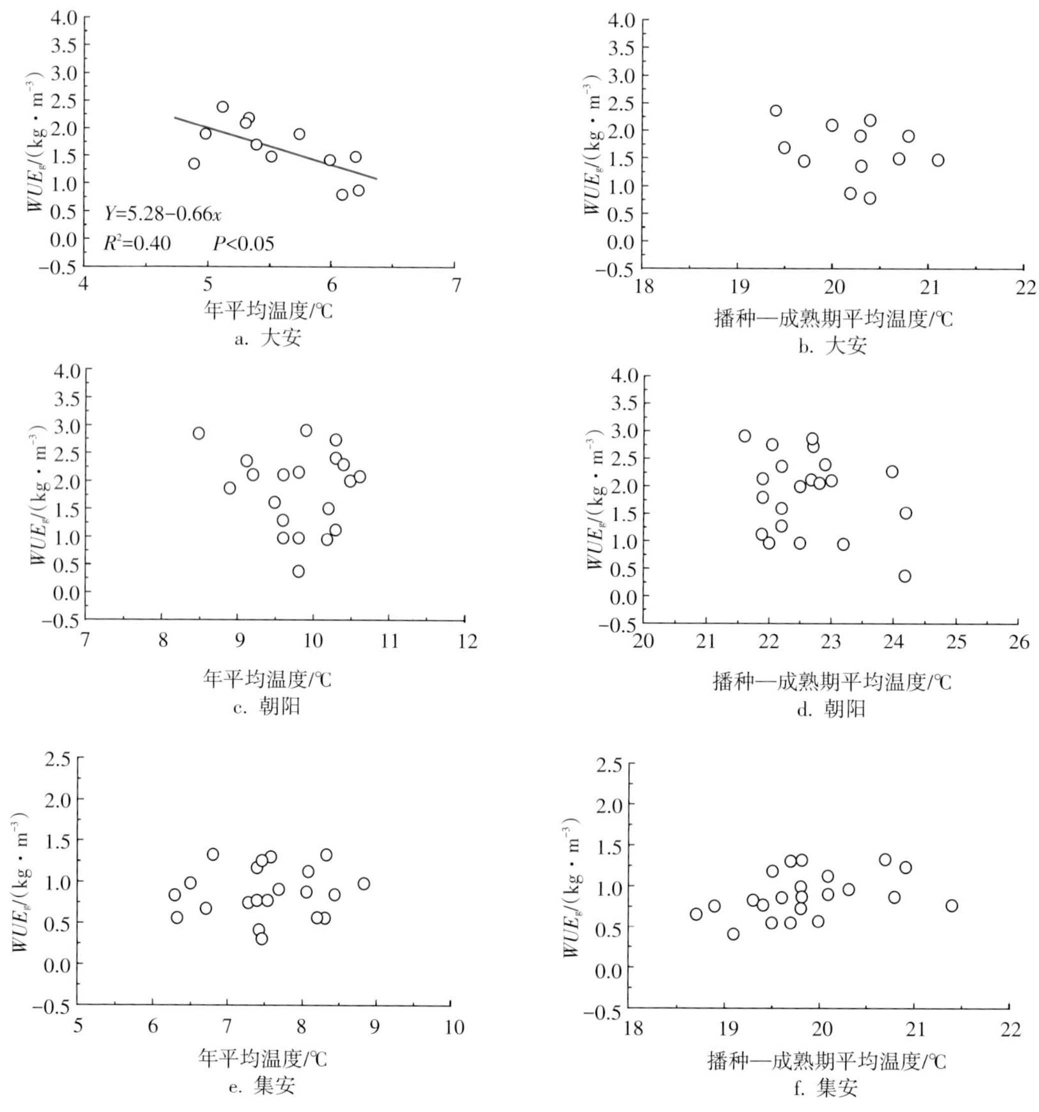

图2-16　玉米产量水平水分利用效率对年均温和播种—成熟期平均温度的响应

表2-5 各站点玉米 WUE_g 及产量达最大时所对应的降水量和 ET (mm)

站点	大安	朝阳	集安
WUE_g 达最大时所对应的播种—成熟期降水量（mm）	325	391	400 ~ 500
WUE_g 达最大时所对应的 ET （mm）	329	404	450 ~ 500
玉米产量达最大时所对应的 ET （mm）	442	469	—

（3）分期播种数据与历史数据的对比。玉米分期播种试验结果表明，在半湿润区，当播种—成熟期间的降水量为400 mm左右时，产量水平水分利用效率达最高（图2-17）。该结果与半湿润区玉米站点历史数据的研究结果相一致（图2-14b）。玉米产量水平水分利用效率与生育期内温度关系不明显。图中数据由锦州、朝阳站点2011年和2012年分期播种试验获取。

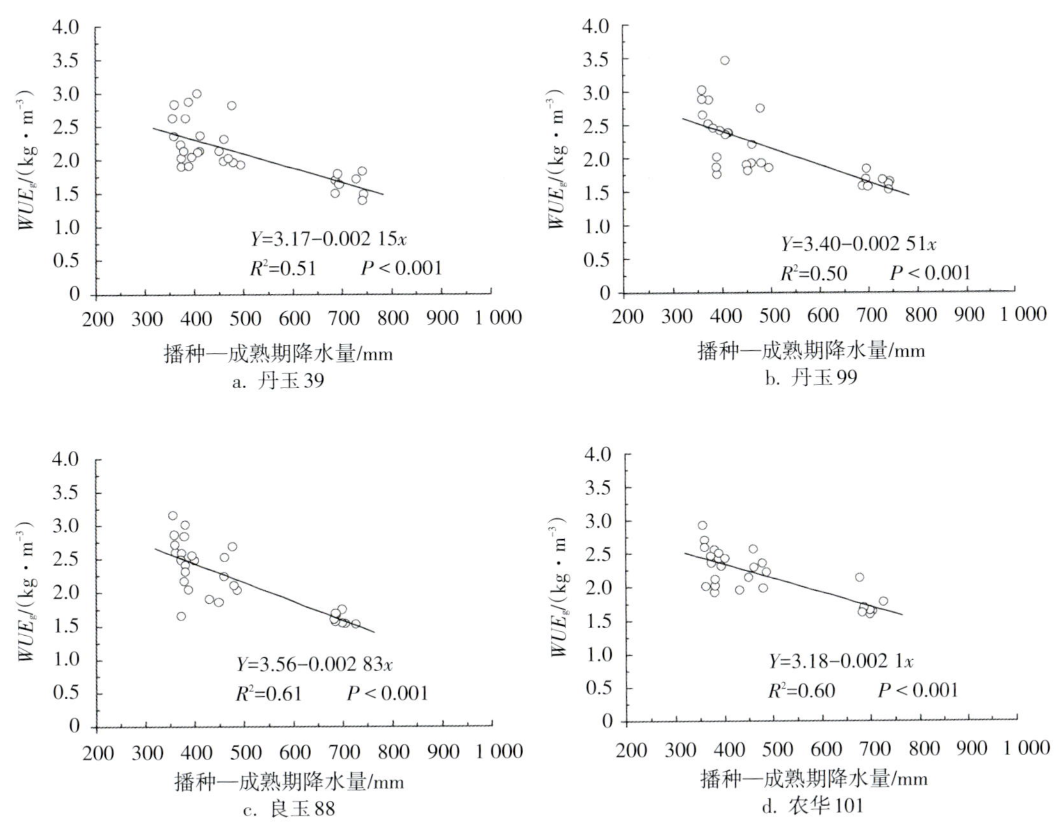

图2-17 产量水平水分利用效率对播种—成熟期降水量的响应

2.2.2 玉米干旱胁迫试验结果

2.2.2.1 干旱胁迫对玉米生长发育和产量的影响

（1）试验设置。利用12个干旱胁迫试验小区设计4个试验处理，每组处理3个重复。第1个处理为对照（CK），全生育期保持水分适宜，土壤相对湿度75%±5%；剩余3个处理分别在三叶普遍期—拔节普遍期（MS_1，控水时间为5月17日至6月23日）、拔节普遍期—吐丝普遍期（MS_2，控水时间为6月20日至7月23日）、吐丝普遍期—乳熟普遍期（MS_3，控水时间为7月22日至8月18日）处理为中度干旱胁迫，土壤相对湿度为45%±5%，各干旱胁迫处理所在发育期结束后，复水至水分适宜水平，直至成熟收获。

土壤湿度观测：春玉米全生育期（播种—成熟期）内，用时域反射仪（德国产TRIME-IPH）每3 d分9层（每层20 cm）测定土壤含水量（*TDR*），主要用于补水量计算，控制试验过程中的土壤湿度。

发育期观测：分别观测记录试验区不同处理的玉米发育期，观测按照《农业气象观测规范》进行。

株高观测：从七叶普遍期开始，每小区选3株（作标记）进行定株观测，每3 d观测1次株高。

叶面积观测：MS_1，MS_2，MS_3 3个处理干旱胁迫控制结束当天（6月23日、7月23日、8月18日）与CK同时取样，测量叶面积。

产量结构分析：玉米成熟后，各小区分别取样40株，观测出各小区每平方米的穗数及总的株数和穗数，计算空秆率；自然风干后进行产量结构分析，分别测定各小区果穗长、穗粗、秃尖长、穗粒数、果穗干重、穗粒重等产量构成要素。对玉米果穗进行脱粒处理，分别测量各小区的总籽粒重；分别对各小区的籽粒取样100粒，重复3次，测定百粒重，计算平均值。计算经济产量、地上部分生物产量和经济系数。

（2）数据处理。株高数据为每个处理3个重复，每个重复3株定株观测。为了避免个体差异，分析干旱胁迫处理与对照株高差异时，先将MS_1，MS_2，MS_3处理开始控水时的株高与对照处理株高的差值减掉，再分析干旱对株高的影响，计算株高平均值与标准偏差。

叶面积数据为每个发育期9个观测样本的平均值。

（3）结果与分析。

①干旱胁迫对春玉米生长发育的影响。

对发育期的影响：MS_1处理从出苗到拔节普遍期所需天数比CK多3 d，出苗到成熟期所需天数比CK多13 d，玉米生殖生长期延长了10 d；MS_2处理从出苗到吐丝普遍期所需天数比CK少1 d，从出苗到成熟期所需天数比CK少7 d；MS_3处理从出苗到乳熟普遍期比CK所需天数少1 d，从出苗到成熟期所需天数比CK少15 d，成熟期缩短了14 d（表2-6）。与陶世蓉等有关夏玉米苗期阶段水分胁迫，导致生育进程明显推迟、成熟期延缓的结论一致。可见，玉米在苗期生长阶段遭受到中度干旱胁迫将抑制玉米的生长速率，使发育期显著延迟，而在拔节普遍期以后遭受中度干旱胁迫，将促进玉米早熟，导致发育期明显缩短。

表2-6 不同发育期干旱胁迫对玉米生育期的影响

处理	到达生育期所需天数/d				
	出苗	拔节	吐丝	乳熟	成熟
CK	15	53	85	118	150
MS_1	15	56	87	122	163
MS_2	15	53	86	116	143
MS_3	15	53	85	117	135

对株高的影响：MS_1处理后，研究区玉米株高生长受到明显抑制，与姚启伦和陈秘的盆栽试验结论一致；控水至拔节普遍期时，玉米株高比CK平均偏低29.8%，复水后，玉米株高生长速度得到明显恢复；到成熟期时，玉米株高只比CK平均偏低6.1%。MS_2处理后，玉米株高生长亦受到明显影响，控水至吐丝普遍期时，玉米株高比CK平均偏低18.6%，复水后，玉米生长速度没有恢复，干旱胁迫效应延续，到成熟期时，株高比CK平均偏低18.1%。MS_3处理后，玉米株高生长受干旱影响程度相对MS_1和MS_2小很多，控水至乳熟期时，株高比CK平均偏低2.3%，复水后，到成熟期，株高与CK的差距几乎没有变化。白向历等研究结果表明，玉米拔节期干旱胁迫后，盆栽玉米平均株高下降15.9%，抽雄吐丝期干旱胁迫下的玉米株高与对照差异不显著。说明在玉米拔节—吐丝期遭受到中度干旱胁迫，对最终株高的影响最大；在三叶—拔节期遭受到中度干旱胁迫后进行复水，玉米株高能够得到较大程度恢复，而苗期过后遭受到中度干旱胁迫后进行复水，则对玉米株高的恢复作用不大（图2-18）。

对叶面积的影响：研究区玉米在3个主要生育时期进行中度干旱胁迫处理后，植株叶面积均呈减小趋势（图2-19）。MS_1，MS_2，MS_3处理后，玉米单株叶面积平均分别为2 717.0，6 421.7，4 851.8 cm^2，分别比CK小41.2%，14.1%，37.3%。有研究表明，受水分胁迫影响，叶片水势值变小，叶片萎蔫卷缩，进行光合作用的绿叶面积亦逐渐减少。刘树堂等认为，水分胁迫加速中、老叶片内水分向新生叶片的转移，绿叶面积减少，导致同化物代谢源受阻。本研究结果表明，在玉米生长发育过程中，叶片生长对中度干旱胁迫较敏感，在三叶—拔节期的营养生长阶段，由于根系相对较浅，从土壤吸收水分能力较差，叶面积受到干旱胁迫影响最大，干旱缺水造成叶片发育不良；在吐丝—乳熟期的生殖生长阶段，叶片光合产物快速向果穗籽粒转移，叶片衰老加速，导致叶面积减少；拔节—吐丝期为营养生长与生殖生长并行阶段，叶面积受干旱胁迫的影响相对较小。

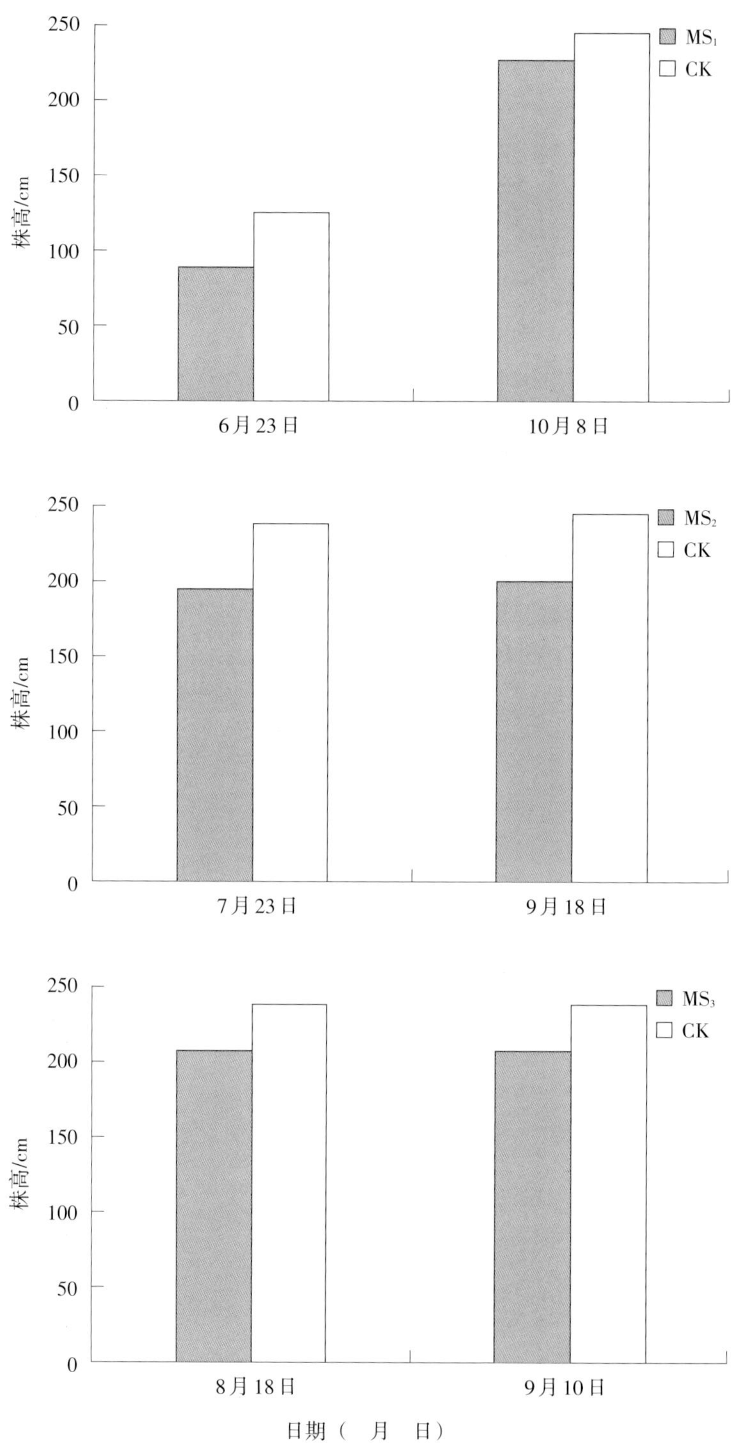

图2-18 不同时期干旱胁迫对玉米株高的影响

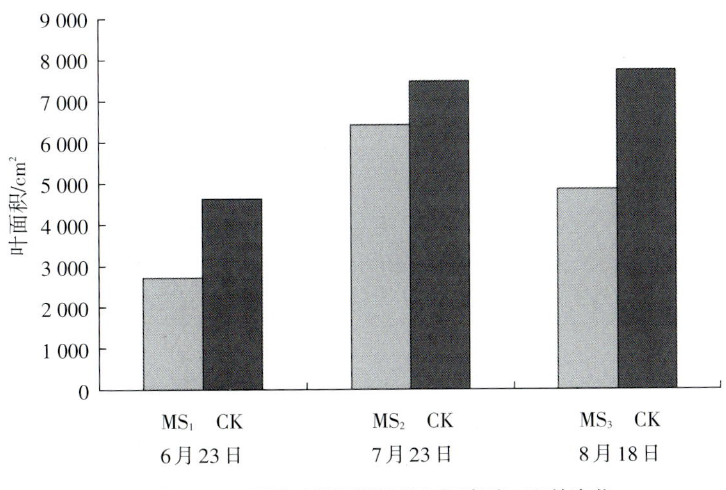

图2-19 不同时期干旱胁迫下玉米叶面积的变化

②干旱胁迫对春玉米果穗性状和产量构成要素的影响。

对果穗性状的影响：MS_1处理后的玉米果穗形状与CK相比均无显著差异；MS_2和MS_3处理后，玉米穗长、穗粒数、果穗干重与CK均存在显著差异，且MS_3处理后的穗粒数、果穗干重、穗长的降幅较大（表2-7）。干旱胁迫使玉米穗长缩短，穗粒数减少；白向历等认为，干旱胁迫对穗粗影响显著，对秃尖长的影响不显著；白莉萍等认为，干旱胁迫对穗粗影响显著；刘树堂等认为，干旱胁迫对穗粗影响不显著，而对秃尖长的影响显著。本试验结果表明：玉米苗期遭受干旱胁迫后，玉米果穗发育较水分适宜时有所不良，但通过复水作用，玉米果穗发育能得到有效恢复；玉米生殖生长开始后遭受干旱胁迫，果穗发育将受到较大影响，复水后恢复效应有限。

表2-7 不同时期干旱胁迫处理对玉米穗部性状的影响

处理	穗长/cm	穗粗 /cm	秃尖长/cm	穗粒数	果穗干重/g
对照	13.1 ab	5.1 a	1.2 a	370.6 a	173.5 a
三叶—拔节期MS_1	15.1 a	4.8 a	0.9 a	341.1 a	157.3 a
拔节—吐丝期MS_2	12.2 b	5.2 a	1.1 a	300.0 b	124.7 b
吐丝—乳熟期MS_3	11.9 b	4.7 a	1.0 a	298.7 b	120.0 b

注：同列不同字母表示不同处理间差异显著（$P<0.05$），下同。

对产量构成要素的影响：MS_1处理后，玉米百粒重较CK略微增加，与刘庚山、徐世昌等研究结果类似。MS_1处理百粒重增加的主要原因在于，苗期受旱延长了玉米全生育期，特别是乳熟到成熟期间隔时间增加，导致干物质由植株“源”到籽粒“库”转运过程延长，促使籽粒更加饱满，但MS_1处理下其他产量要素均较CK略有减少且无显著差异；MS_2

和MS_3处理的玉米产量构成要素大都与CK存在显著差异，其经济产量分别较CK下降29.4%和27.8%。玉米生殖发育期间遭受中度干旱胁迫将对玉米产量产生很大影响，其中抽雄—吐丝期间遭受胁迫对最终产量的影响最大（表2-8）。

表2-8 不同时期干旱胁迫处理对产量构成要素的影响

处理	每平方米穗数	百粒重/g	穗粒重/g	经济产量/($g·m^{-2}$)	生物产量/($g·m^{-2}$)	空秆率/(%)	经济系数
对照CK	5.1 a	38.8 ab	143.2 a	816.2 a	2 658.9 a	10.1	0.31
三叶—拔节期MS_1	4.8 a	41.4 a	141.0 a	803.7 a	2 504.8 a	15.6	0.32
拔节—吐丝期MS_2	4.4 a	33.9 b	101.1 b	576.3 b	1 924.3 b	23.4	0.30
吐丝—乳熟期MS_3	3.7 b	34.5 b	103.3 b	589.0 b	2 054.1 b	34.6	0.29

除水分条件外，在其他环境要素与大田一致的情况下，干旱胁迫对玉米生长发育和产量均产生明显影响，不同发育时期对干旱胁迫的反映具有不同特点。依托田间控制试验，能够获得玉米主要发育时期对干旱胁迫影响的定量化指标，可为合理调配玉米生产用水，确定玉米灌溉补水的关键时期、防御干旱灾害、减轻灾害影响提供科学依据。

张淑杰等利用水分亏缺指数得出东北地区西部玉米苗期干旱发生频率在60%~96%。本试验结果为，春玉米在苗期（三叶—拔节期）经中度干旱胁迫处理后，发育期明显延迟，延迟天数主要集中在拔节期以后，延迟天数占全生育期延迟天数的77%；干旱胁迫至拔节期，植株高度生长受到抑制；叶面积比CK小41.2%；苗期中度干旱胁迫后复水，玉米生长发育得到明显恢复，植株高度恢复了23.7%，穗长和百粒重略有增加，而其他穗部性状指标均劣化，经济产量和生物产量分别下降1.5%和5.8%，但与CK相比差异不显著。东北地区玉米苗期经常遭遇干旱灾害，但干旱对玉米最终产量的影响程度并不严重，玉米苗期并不是需水关键期。

玉米拔节—吐丝期、吐丝—乳熟期分别经中度干旱胁迫处理后，呈发育期提前、玉米早熟趋势，发育期提前的天数主要集中在乳熟—成熟阶段，分别提前了7 d和15 d；株高分别比CK平均偏低18.6%和2.3%，即使处理后经过复水，株高亦没有得到恢复。拔节—吐丝期的玉米叶面积受干旱胁迫影响相对较小，仅比CK偏小14.1%，而吐丝—乳熟期受中度干旱胁迫影响较大，其叶面积比CK小37.3%。玉米拔节—吐丝期、吐丝—乳熟期果穗性状和产量构成要素指标降幅明显，与CK差异显著，经济产量分别下降29.4%和27.8%，生物产量分别下降27.6%和22.7%。

东北地区春玉米不同发育时期抵抗干旱的能力存在明显差别。拔节—吐丝期遭受中度干旱胁迫后，最终产量减产接近3成，进一步验证了此时期是玉米全生育期中的需水关键期。因为这段时间内玉米的生长发育最旺盛，需水量也最大，加上生殖器官处于幼嫩阶段，对外界不良环境条件抵抗能力较差，如遇干旱，必然造成减产而且受影响也最大。

本试验采用池栽方式（玉米生长环境比盆栽试验更接近大田），在不同发育期分别进行干旱胁迫控制（更符合自然干旱发生规律），仔细分析了干旱胁迫对东北地区春玉米生育期的影响。由于试验条件所限，本试验仅对单一品种的3个发育时期开展了干旱胁迫处理，而自然界干旱灾害的发生具有随机性，本试验未涵盖全部的干旱发生情况，今后还需针对干旱胁迫对其他更细化的发育时期和不同玉米品种的影响、玉米对干旱的抗逆性和易感性等方面进行深入研究。

2.2.2.2 干旱胁迫下玉米拔节—吐丝期光谱特征

（1）试验设置与观测。从玉米拔节期开始，至吐丝普遍期分别进行阻隔自然降水和人为补水，当该试验小区0～60 cm农田土壤相对湿度分别下降至65%±5%，55%±5%，45%±5%时，将土壤湿度复水至对照区（正常供水，土壤水分相对湿度控制在75%±5%）适宜土壤湿度。

针对拔节—吐丝期，选取2011年7月14日、29日两天，北京时间10时30分至14时进行光谱特征测量。所用仪器为美国ASD公司的Fieldspec pro FR分光辐射计。该分光辐射计视扬角为25°，波长范围350～2 500 nm，在350～1 000 nm的范围光谱采样间隔为1.4 nm，1 000～2 500 nm的范围光谱采样间隔为2 nm。以覆盖一株作物为准。

（2）结果与分析。

①拔节—吐丝期不同干旱胁迫条件下玉米冠层光谱特征。

玉米拔节—吐丝期的干旱胁迫对玉米生理生长产生较大影响，土壤相对湿度为75%，65%，55%，45%不同条件下玉米冠层的380～1 300 nm光谱特征分布见图2-20（a），该期间总体光谱特征趋势并无明显差别，不同干旱胁迫条件下的光谱分布较相似，随波长增加反射率呈上升趋势，550 nm处均有微小波峰，550～680 nm区间各池分布出现微小差异，水分供应充分条件下的光谱反射率相对较低；在680～760 nm区间（红边区）内存在较明显的红边特征，即从680 nm处开始曲线斜率增加明显；760～1 300 nm反射率变化趋于平缓，但存在较明显的胁迫特征，干旱胁迫程度强的反射率高，并分别于960 nm和1 150 nm附近出现微小波谷。

图2-20（b）为不同干旱胁迫条件下玉米冠层光谱反射率的一阶导数曲线，表明该发育期不同干旱胁迫条件下的光谱反射率分布总体上趋势相同，不同干旱胁迫条件下单位波长的光谱反射率分别于520，725，925 nm和1 130 nm附近有相对较明显的变化，最大的变化幅度依次为对照区（729 nm处）、控水65%（728 nm处），控水55%（725 nm处）、控水45%（726 nm处）和控水凋萎区（725 nm处）。680～760 nm区间（红边区）光谱反射率变化率由增加至减小，为相对较稳定的光谱区域，其次为480～550 nm区间，其中水分供应适宜的小区，单位波长光谱反射率变化率较干旱胁迫区大。

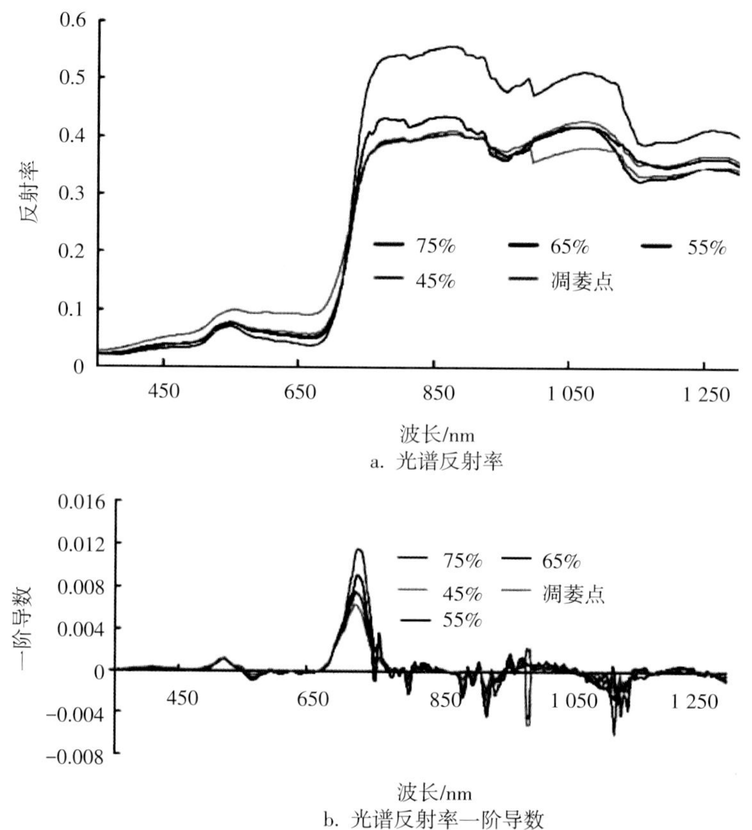

a. 光谱反射率

b. 光谱反射率一阶导数

图2-20 玉米拔节—吐丝期不同控水条件下冠层光谱反射率和光谱反射率一阶导数

②拔节—吐丝期玉米植株冠层光谱与土壤湿度。

冠层光谱与土壤湿度：大田作物玉米的生长在其他环境因素相似条件下，土壤水分供应情况差异将对其生长状况产生较大的影响。有研究表明，吐丝期0～40 cm土层根长占总根长的51.5%，吐丝期0～80 cm土层占到76.2%。2011年7月玉米拔节—吐丝期不同干旱胁迫区各层平均土壤湿度见表2-9，计算各层土壤湿度与各波段光谱相关系数，得到玉米冠层光谱与各层土壤水分的相关系数曲线，见图2-21。从图2-21可知，该发育期内，350～710 nm区间0 cm和20 cm土壤湿度与光谱反射率存在显著的负相关关系，其中0 cm表层土壤湿度与光谱反射率负相关度最大，最大值在711 nm处，为-0.996 2。20 cm土壤湿度与光谱反射率最大值在703 nm处，为-0.923 6。较深层土壤湿度在此区间的相关性均较弱。

710～1 300 nm区间，表层土壤湿度与光谱反射率相关性由负相关变为正相关，但相关性较差，0 cm和20 cm土壤湿度与光谱反射率在996 nm有最大正相关系数，分别为0.661 0和0.604 7。较深层土壤40 cm土壤湿度与光谱反射率在此区间有较好的正相关性，最大值在729 nm处，为0.958 3，更深层60 cm土壤湿度与光谱反射率无较明显的相关性。

表2-9 2011年7月不同干旱胁迫区拔节—吐丝期各层土壤湿度 %

深度/cm	拔节—吐丝期 75	拔节—吐丝期 65	拔节—吐丝期 55	拔节—吐丝期 45	拔节—吐丝期 < 35
0	22.70	22.50	22.75	22.25	19.60
20	22.55	22.85	22.30	22.20	21.40
40	23.50	21.30	20.85	21.45	22.15
60	22.40	20.40	20.95	22.05	22.05

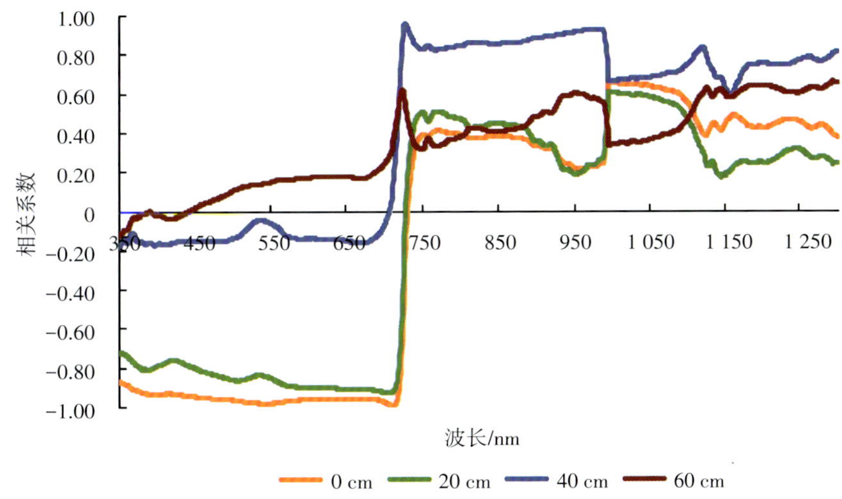

图2-21 拔节—吐丝期不同干旱胁迫条件下玉米冠层光谱与各层土壤湿度相关系数

红边光谱特征与土壤湿度：红边区（680 ~ 760 nm）是植株叶片叶绿素对红光强烈吸收和叶肉对其强烈反射的分界区，该区间光谱分布及一阶导数曲线幅值、曲线特征等与植株叶片光合色素含量、叶面积指数、地上生物量等有较高的相关性。从不同水分胁迫下的350 ~ 1 300 nm区间光谱分布特征可以发现，红边区特征均较明显。

图2-22为玉米冠层反射率红边区间光谱分布与一阶导数，由图2-22a可知，680 ~ 725 nm区间干旱程度强的玉米观测光谱反射率大，从725 nm开始对照区玉米冠层光谱反射率超过其他干旱胁迫条件下玉米观测光谱反射率，以725 nm为分界，大于725 nm区间，供水良好的小区玉米冠层反射率较大，并且增加明显。其他环境因素相似并得以满足的条件下，土壤水分对植株的生长状态影响较大，表现为在此区间土壤水分含量高的小区植株长势良好，植株冠层光谱反射率变化较强，斜率大。

图2-22b为不同干旱胁迫条件下玉米冠层红边区光谱反射率一阶导数，从一阶导数曲线中可以看出5个处理的玉米冠层光谱反射率总体趋势相同，680 ~ 695 nm所有光谱曲线单位波长反射率变化基本相同，从695 nm开始供水条件好的小区玉米冠层光谱反射率变

化大，控水<35%的光谱反射变化相对最小，在725～729 nm区间5个处理的光谱反射率一阶导数达到峰值，随后减小，表明红光区间单位波长冠层光谱反射率先增加再减小。

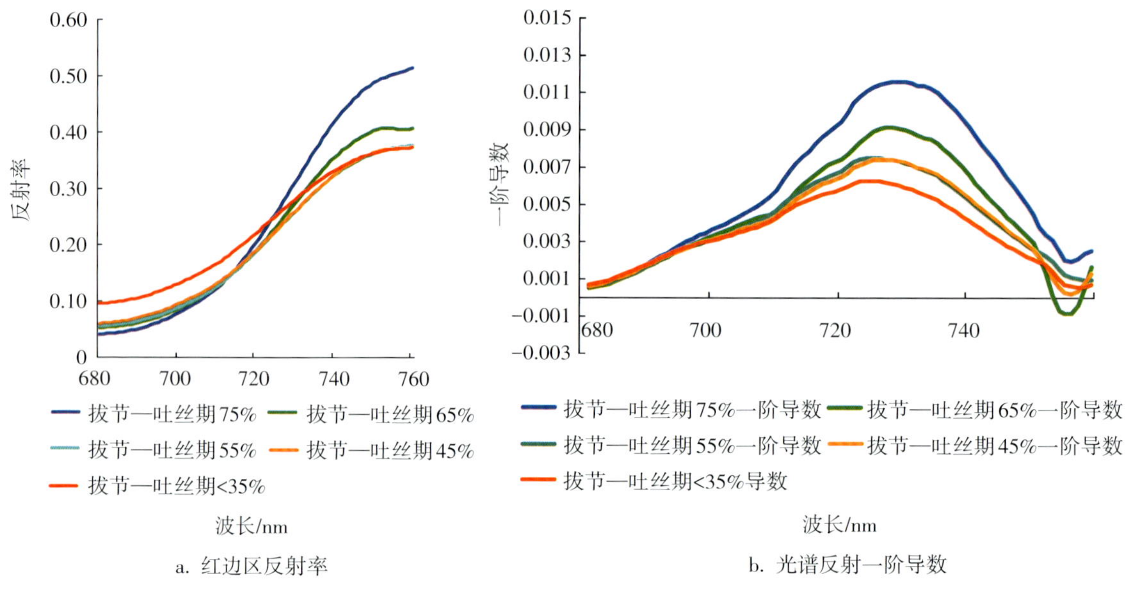

图2-22　拔节—吐丝期不同干旱胁迫条件下玉米冠层光谱红边区反射率和光谱反射一阶导数

表2-10为红边区光谱曲线的线性回归方程及一阶导数参数，可知，土壤水分供应较充分的小区，红边区光谱分布线性回归斜率较大，干旱区斜率则相对较小。不同干旱胁迫条件下的一阶导数峰值出现在725～729 nm，干旱强度强的条件玉米冠层红光光谱一阶导数峰值波长小、峰值低，曲线面积小。

表2-10　玉米冠层反射率红边区间线性回归方程与一阶导数参数

干旱胁迫条件	光谱反射率回归方程	一阶导数峰值波长/nm	一阶导数峰值	一阶导数曲线面积
拔节—吐丝期75%	$y = 0.007\,2x - 0.050\,1$	729	0.011 58	0.235 4
拔节—吐丝期65%	$y = 0.005\,6x - 0.011\,8$	728	0.009 13	0.176 5
拔节—吐丝期55%	$y = 0.004\,9x + 0.002\,6$	725	0.007 49	0.160 3
拔节—吐丝期45%	$y = 0.004\,8x + 0.009\,3$	726	0.007 44	0.156 4
拔节—吐丝期＜35%	$y = 0.004\,2x + 0.056\,1$	725	0.006 30	0.139 0

在其他影响植株生长的环境因素相同或相似的情况下，红边区对土壤湿度的敏感性较强，不同的干旱胁迫条件下，利用玉米冠层光谱红边区特征参数，与拔节期各层土壤湿度求回归。图2-23为不同干旱胁迫条件下红边区光谱反射率线性回归斜率、一阶导数曲线面积、一阶导数峰值与各层土壤湿度的多项式回归。由红边参数与土壤湿度的散点图分布

可以较明显看出，各层土壤湿度与红边参数的多项式回归趋势基本相同。0 cm，20 cm土壤湿度随参数的增加呈先增加后减小趋势；40 cm，60 cm土壤湿度则先减小后增加。

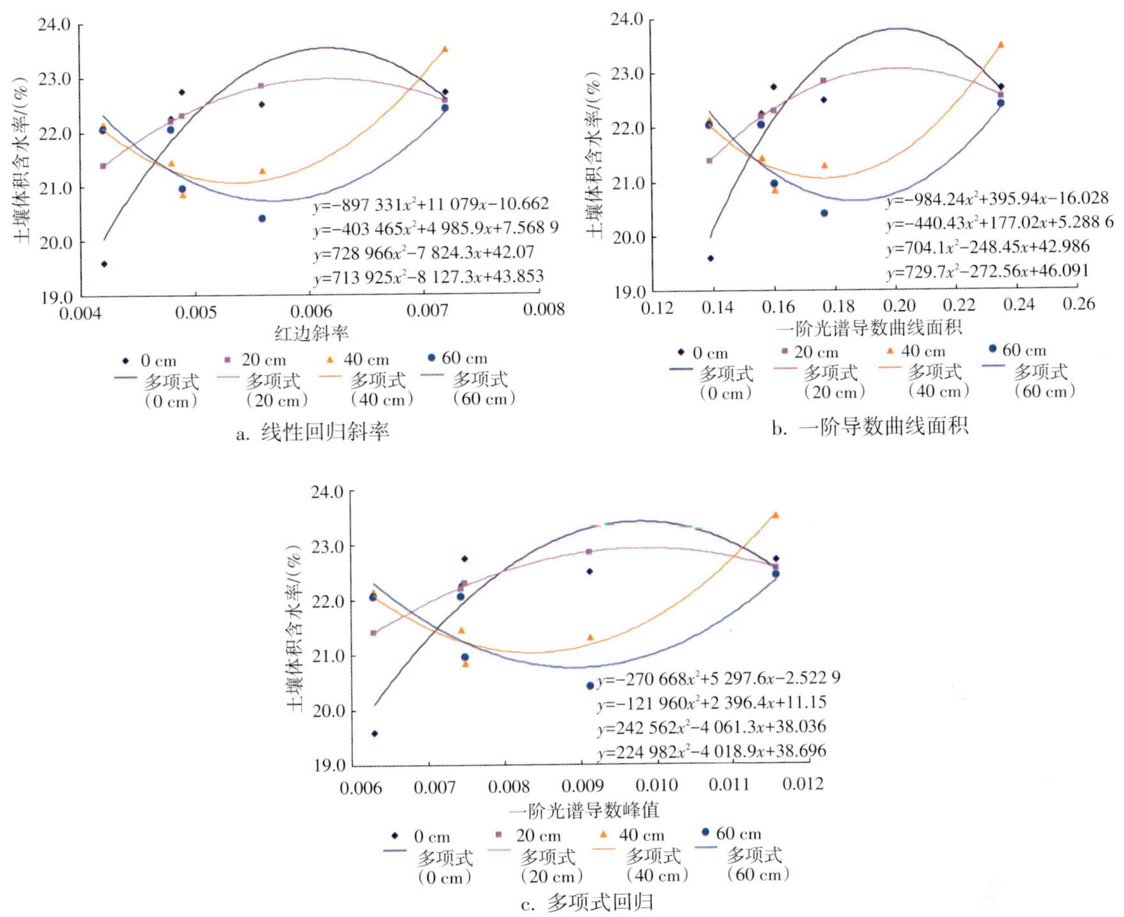

a. 线性回归斜率

b. 一阶导数曲线面积

c. 多项式回归

图2-23 拔节—吐丝期不同干旱胁迫条件下各层土壤湿度与玉米冠层红边光谱反射率线性回归斜率、一阶导数曲线面积和一阶导数峰值与各层土壤湿度多项式回归

拔节—吐丝期，550～680 nm的红边区可以较明显地反映下垫面干旱程度，土壤水分含量大的植株冠层反射率相对较低，叶片较健壮，该发育阶段，植株对红光的吸收程度更能较好地反映干旱胁迫条件下植株的生长状态。该时期，350～710 nm区间各层土壤湿度与光谱反射存在负相关关系，0 cm，20 cm土壤湿度相关度较大，最大值在703 nm处。710～1 300 nm区间，各层土壤湿度与光谱反射呈正相关关系，较深层土壤40 cm土壤湿度与光谱反射率在此区间有较好的正相关性，最大值在729 nm处。

红边区光谱反射率较好地反映了植株的生长状况，该区间单位波长光谱反射率变化由增加至减小，为相对较敏感、稳定的光谱区间。随土壤水分供应情况的改变，区间内的光谱反射率变化幅度不同，其他环境因素相似并满足的条件下，表现为在此区间内土壤水分含量适宜的冠层光谱反射率变化明显、线性斜率大，干旱程度越强，冠层反射率变化小，斜率越小。各层土壤湿度与红边区参数的多项式回归趋势相似，0 cm和20 cm土壤湿度随红边区参数增加呈先增加后减小趋势，40 cm和60 cm土壤湿度则先减小后增加。

发育期内不同观测阶段的植株生长及环境均有所改变，冠层反射率也有所差异，将两天观测数据求平均值后分析，可以反映该发育期内的玉米冠层光谱与植株生长、土壤湿度的平均状况，但对于发育期内短期的冠层光谱反射率分布、植株生长与土壤湿度，还需多期数据的综合分析与检验。

光谱数据的测量对天气有一定要求，测量过程中，随太阳高度角的变化，天气的变化，风和云可能对观测数据产生影响。数据的选取上，虽已去除了部分误差数据，干旱胁迫生长池人为补充水分导致部分作物（池子边角处）控水不完全均衡，可能引起生长池内植株生长状况不均衡，对胁迫作用的结果产生一定影响。

2.2.3 玉米低温胁迫试验结果

2.2.3.1 低温胁迫对玉米生长参数及产量的影响

（1）试验设计与观测。在玉米拔节期（6月27日至7月4日）、大喇叭口期（7月12—19日）分别进行控制试验，供试品种为先玉335，处理温度为15 ℃，处理时间为7 d。温度均以室外自然环境温度为对照。玉米达到胁迫试验发育期时，移入控制室进行低温处理，第8天晚，将低温处理的玉米搬到室外，自然状态下直到成熟。

试验用盆直径40 cm，装土20 kg/盆，盆栽用土取自上年水稻苗床地，水稻插秧后种植大豆进行匀地，土壤有机质含量较高。施二铵4.5 g/盆；5月5日播种；5月18日齐苗；5月27日定株（三叶一心）；6月15日追肥尿素3 g/盆；7月27日追肥尿素3 g/盆；灌水按盆栽方式正常管理，以水分不构成限制玉米生长为标准。在大喇叭口期每盆培土2 kg，防止风大引发倒伏。为避免对照与处理之间互相传粉，在玉米抽雄期把不同处理玉米植株进行人工隔离，避免了花粉的互相传播。

叶面积观测：采用打孔方法测量单株叶面积，取样5株，通过干重进行换算，打孔器面积为1.21 cm^2，7月4日和7月19日两次观测。

干鲜重观测：采用整体取样，烘干前、后称重。烘干方法为105 ℃杀青1 h后，在80 ℃下烘干至恒重，7月4日和7月19日两次观测。

光合作用观测：光合、呼吸等采用英国产LCpro+光合分析仪测量，测量叶片与叶绿素观测相同叶片，7月4日和7月19日两次观测。

光谱测量：玉米拔节期（低温处理第4天开始到控温结束后4 d）、大喇叭口期（低温处理第6天开始到控温结束后4 d）进行作物冠层光谱测定，同时对室外自然状态下生长的同期玉米进行光谱测定。

（2）结果分析。

①低温胁迫下玉米株高变化。

从表2-11可以看出，低温导致株高降低，拔节期低温控制和对照的株高增长百分率分别为14.89%和30.34%，大喇叭口期低温控制和对照的株高增长百分率分别为11.30%和

26.17%。

②低温胁迫下植株生物量及叶面积变化。玉米低温处理7 d后，进行植株的生物量和叶面积测量。从表2-12中可以看出，低温处理导致玉米植株生物量降低，拔节期的鲜重和干重与对照相比减少26.6%～38.2%，大喇叭口期的鲜重和干重与对照相比减少5%左右。从图2-24中可以看出，低温导致玉米植株叶面积增加缓慢，拔节期低温处理后叶面积与对照相比减少25%，大喇叭口期低温处理后叶面积与对照相比减少6%左右。因此，拔节期低温对植株生物量及叶面积的影响要远大于大喇叭口期低温影响的结果。

表2-11 低温胁迫下春玉米株高变化

发育期	拔节期			大喇叭口期		
	6月27日	7月4日	增长百分率	7月12日	7月19日	增长百分率
15 ℃低温处理/cm	109.15	125.40	14.89	191.10	212.70	11.30
对照/cm	108.75	141.75	30.34	192.75	243.20	26.17

表2-12 低温胁迫下春玉米植株生物量变化 g/株

发育期	拔节期				大喇叭口时期			
观测对象	茎		叶		茎		叶	
生物量	鲜重	干重	鲜重	干重	鲜重	干重	鲜重	干重
对照	351.96	28.95	196.95	37.98	785.95	112.10	289.16	62.21
15 ℃低温处理	216.78	18.75	144.48	27.47	746.04	79.91	274.68	60.43

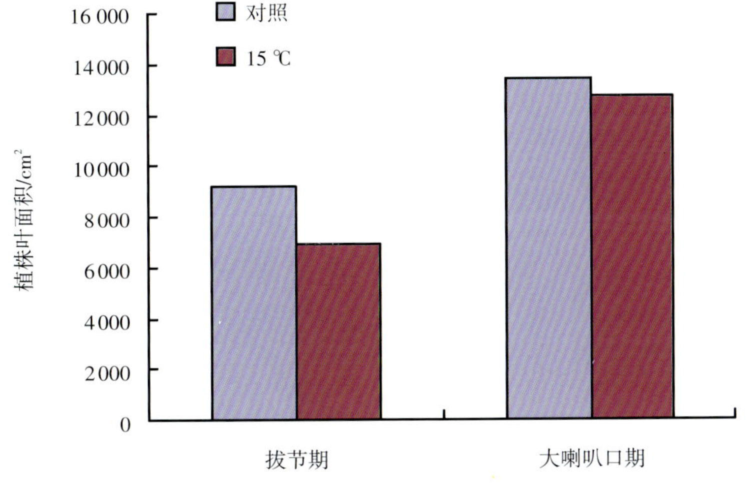

图2-24 低温胁迫下春玉米植株叶面积变化

③低温胁迫下玉米功能叶片光合作用变化。不同时期的低温均导致玉米蒸腾速率的降低及光合速率下降（表2-13），15 ℃低温处理7 d后，光合速率比对照下降10%左右，蒸腾速率比对照下降58%～64%。

表2-13 低温胁迫对春玉米光合速率和蒸腾速率的影响 μmol/m²s

发育期	拔节期		大喇叭口时期	
参数	蒸腾速率	光合速率	蒸腾速率	光合速率
15 ℃低温处理	1.772	27.913	1.363	28.625
对照	4.195	30.948	3.811	32.194

④低温胁迫下玉米冠层光谱变化分析。图2-25显示，在可见光范围内，低温胁迫下和对照的玉米冠层光谱特征均符合绿色植物的变化特征。可见光波段，在540 nm（绿色）附近形成一个反射峰，在670 nm附近的红光区形成反射低谷，受低温胁迫后的玉米冠层光谱反射率在可见光波段均有所增加。700～750 nm，红光波段强烈地吸收与近红外波段强烈地反射使得光谱曲线出现一个陡峭的爬升脊，反射率迅速抬升，即“红边”特征，健康玉米冠层的斜率大于低温胁迫下的玉米冠层斜率。在近红外波段，780～1350 nm反射率高值区，受低温胁迫的玉米冠层反射率降低，健康玉米冠层反射率为40%～60%，低温影响的玉米叶片细胞结构遭到破坏，反射率在40%左右。

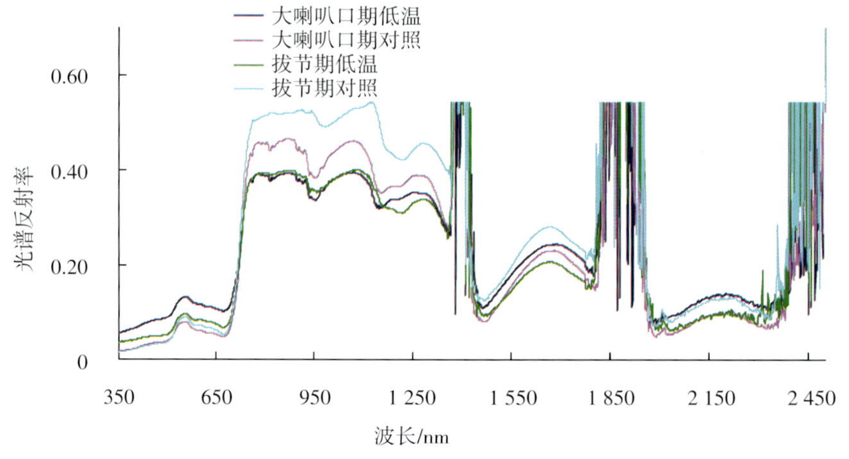

图2-25 低温胁迫下玉米冠层光谱变化

⑤玉米关键发育期低温对产量结构影响的分析。从表2-14可以看出，拔节期和大喇叭口期的低温控制对穗行数影响不大，对百粒重影响不大，但是对每行穗粒数的影响明显，因此，导致拔节期低温处理后减产率为34%，大喇叭口期低温处理后减产率达到38%，其中穗粒数的影响更为明显，减少41%。由此可见，大喇叭口期低温对产量的影响更为显著。玉米拔节期是玉米进入生殖生长的开始，此时低温对玉米幼穗的分化会产生不同程度的影响，而大喇叭口期可能是玉米雄穗花粉粒正常发育的敏感时期，此时低温可能

导致部分花粉败育，从而致使玉米的结实率降低，使理论穗粒数与实际穗粒数产生较大差异，从而能显著降低产量。

表2-14 低温控制试验产量分析

发育期	拔节期		大喇叭口期	
	低温（15 ℃）	对照	低温（15 ℃）	对照
穗位高/cm	78.8	76.6	81.8	81.2
穗长/cm	22.7	23.08	22.0	22.3
穗粗/cm	4.72	5.07	4.74	4.95
秃尖长/cm	3.5	2.94	4.56	2.46
穗行数/行	15.2	15.2	15.4	15.2
行粒数/粒	36.0	38.8	30.6	38.2
理论穗粒数/粒	547.2	589.8	471.2	580.6
理论结实率	0.655	0.913	0.657	0.907
实际穗粒数/粒	358.2	538.2	309.4	526.4
穗粒重/g	105.1	160.3	89.1	144.0
百粒重/g	29.3	29.8	28.8	27.4

玉米各个发育期遇到低温都会使其生长减缓，玉米在营养生长阶段受到低温影响，干物质会减少，株高降低及发育期推迟。从试验结果看出，拔节期和大喇叭口期对玉米进行低温胁迫，玉米的生长参数都受到影响，植株株高、植株生物量及叶面积明显下降，这与刘文彬、于龙凤的研究结论基本一致，并且拔节期受低温的影响要大于大喇叭口期。

受到低温胁迫时，作物功能叶片的光合强度和蒸腾均明显减弱，本试验中，不同时期的低温均导致玉米蒸腾速率的降低及光合速率下降，光合速率下降10%左右，蒸腾速率下降58%～64%。同时，受低温胁迫时，玉米冠层的光谱反射率也发生变化，在可见光波段，受低温胁迫的玉米冠层光谱反射率均有所增加；在近红外波段（780～1 350 nm），受低温胁迫的玉米冠层反射率降低。

低温胁迫不仅影响到玉米植株形态和光合特性，而且对其产量也有较大的影响。张国民等研究苗期低温对玉米生长发育的影响，发现低温导致玉米百粒重下降，6 ℃和10 ℃处理后，百粒重分别比对照下降9%和3.6%。张德荣等对玉米不同生育期进行低温处理，发现低温使玉米生长变慢，发育期延迟，产量下降。本试验低温处理后，导致玉米穗长缩短、秃尖变长、穗粗变细、行粒数和百粒重减少，最终造成玉米减产，拔节期减产率为34%，大喇叭口期减产率达到38%，由此可见，大喇叭口期低温对产量的影响更为显著。

2.2.3.2 苗期低温胁迫对玉米生长发育及产量的影响

（1）试验方法。试验选择锦州当地两个主栽品种（丹玉39和丹玉42），播种方式采用盆栽，两个品种共100盆，均4月28日播种。玉米出苗后，利用HP1500GS-B全智能人工气候植物箱，进行玉米苗期不同时间低温胁迫试验，同时设置对照。低温胁迫试验分别在三叶期和七叶期进行，三叶期和七叶期分别将每个品种各18盆放入气候箱中，3 d后每个品种搬出9盆，剩余9盆，5 d后全部搬出。其余未参与低温胁迫的玉米作为对照。三叶期低温控制的日平均温度为6.1 ℃，控温期为3 d和5 d；七叶期低温控制的日平均温度为11.5 ℃，控温期为3 d和5 d。控温前后对作物进行发育期记录，测量整个植株干鲜重和叶面积，每个处理3个重复。

七叶期低温胁迫试验结束后，将所有盆栽幼苗移入大田，每隔15 d对所有植株叶面积和株高进行测量，同时记录发育期，成熟后进行产量结构分析。大田内小区面积为40 m^2，植株密度35 cm×60 cm，试验期间按当地农业生产的管理方式进行管理，保证水分充足，水分不构成作物生长的限制因子。

（2）结果分析。

①生长季温度和热量条件分析。丹玉39和丹玉42两个品种均4月28日播种，9月底成熟。锦州地区2011年4—9月平均温度为20.1 ℃，略高于同时段多年平均值19.8 ℃（1980—2009年）。图2-26给出了锦州多年平均气温和2011年4—9月旬平均气温的变化情况，与多年平均值相比，4月下旬气温略低，5月下旬、8月中下旬气温略高，其余旬气温与多年平均气温基本持平。4月中旬到9月中旬平均气温均高于10 ℃，整个玉米生长季（4月末至9月末）总热量（≥10 ℃积温）为3 367 ℃，温度和热量条件均满足玉米正常生长需要。

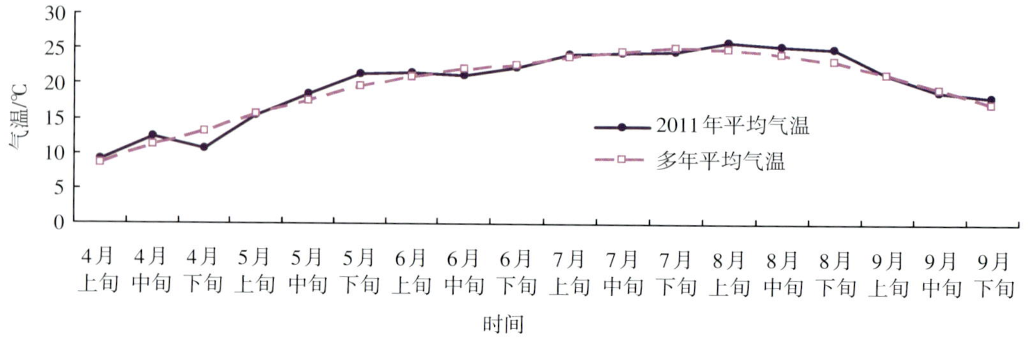

图2-26 2011年4—9月旬平均气温及多年平均值

②玉米生长初期控温前后叶面积对比分析。低温胁迫试验在三叶期和七叶期进行，每个发育期2个低温胁迫处理，共4个处理，即三叶期（3 d）、三叶期（5 d）、七叶期（3 d）、七叶期（5 d）。比较两个品种（丹玉39、丹玉42）低温胁迫前后及其对照的叶面积变化情况，如图2-27所示。

两个品种（丹玉39和丹玉42）4个处理的叶面积增长率均小于其对照，4个处理的丹玉39与其对照的叶面积增长率差值范围为-100%~-40%，平均差值-68%（图2-27a）；4个处理的丹玉42与其对照的叶面积增长率差值范围为-79%~-20%，平均差值-51%（图2-27b），总体看来，丹玉42与其对照间的平均差值小于丹玉39。

苗期低温胁迫后，两个品种4个处理的叶面积增长率均小于对照，低温胁迫抑制了玉米的生长，导致叶面积增长率小于正常生长（对照），其中低温对丹玉39的影响大于丹玉42。

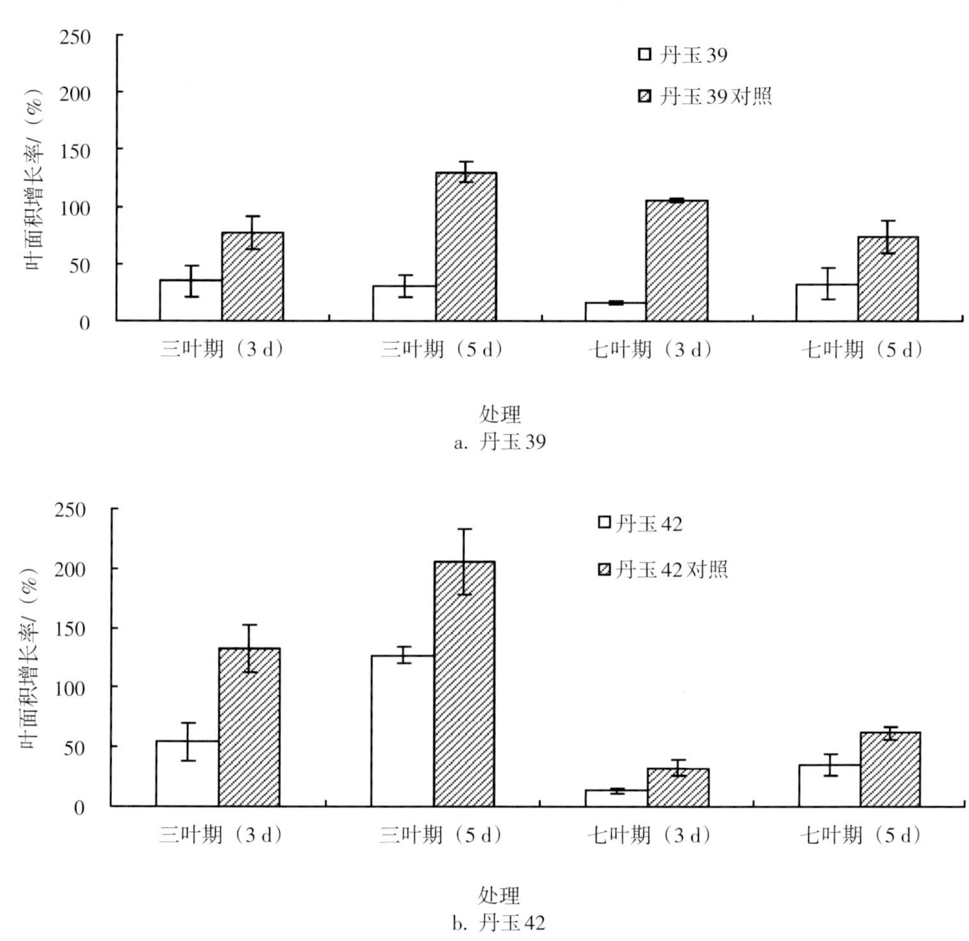

图2-27 不同低温处理及对照下丹玉39和丹玉42玉米叶面积增长率比较

③苗期低温胁迫对玉米后期叶面积变化的影响。图2-28反映了苗期低温胁迫后两个品种（丹玉39和丹玉42）及其对照在拔节期—乳熟期的叶面积生长情况，其中6月30日和7月14日是拔节期，7月29日是开花期—吐丝期，8月19日是吐丝期—乳熟期。从图2-28可以看出，两个品种不同低温胁迫处理后玉米叶面积增长均低于对照，说明苗期低温胁迫会抑制玉米的后期生长。但是，经过苗期低温胁迫后，丹玉39后期叶面积逐渐接近并最终在乳熟期达到对照正常水平，而丹玉42的后期恢复能力较差。

进一步研究发现，丹玉39在4个低温处理水平间的叶面积动态变化规律不明显，表现为对照>七叶期（5 d）>三叶期（5 d）>七叶期（3 d）>三叶期（3 d）（图2-28a）。丹玉42的叶面积生长表现：对照>三叶期（3 d）>七叶期（5 d）>七叶期（3 d）>三叶期（5 d）（图2-28b）。其中，三叶期低温胁迫5 d的玉米受影响程度最大，其次是七叶期受低温胁迫3 d和5 d，而在三叶期低温胁迫3 d后玉米恢复最快。

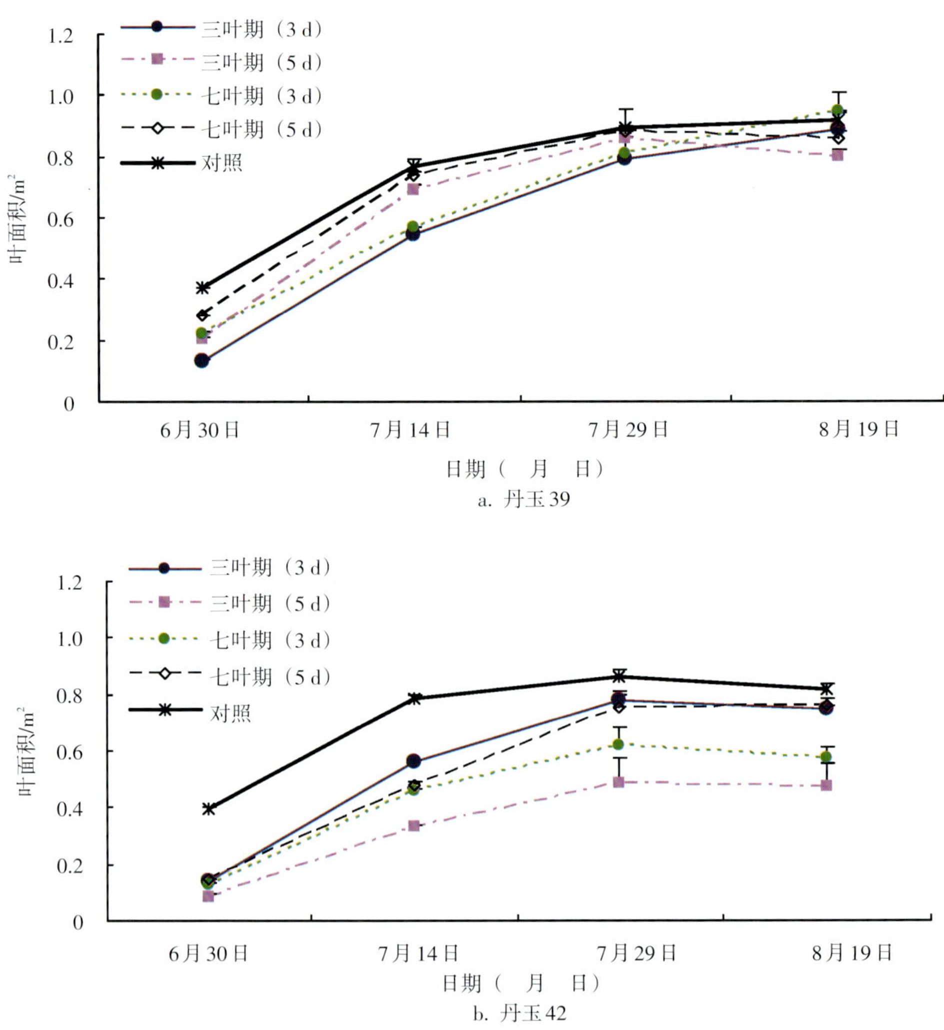

a. 丹玉39

b. 丹玉42

图2-28 不同低温处理及对照下丹玉39和丹玉42叶面积生长动态比较

④低温胁迫对玉米生育期的影响。图2-29为两个品种4个不同低温胁迫处理及其对照的玉米生育期天数变化情况。两个品种4个不同处理及其对照均在4月28日播种，全生育期天数在151~153 d内变动，差异不明显。苗期阶段，丹玉39除七叶期（3 d）和七叶期（5 d）无变化外，其他处理苗期天数比对照增加了1~2 d；丹玉42除七叶期（3 d）无变化外，其他处理苗期天数比对照增加了1~8 d。两个品种4个处理的苗期天数均大于或等于对照天数。穗期阶段，丹玉39七叶期（5 d）穗期天数较对照增加2 d，七叶期（3 d）无变化，其他处理穗期天数比对照减少了3~6 d；丹玉42穗期天数比对照减少1~7 d。丹玉39与其对照相比无明显规律，丹玉42的4个处理的穗期时间均小于对照，穗期天数缩短，即玉米营养生长阶段延长而生殖生长阶段缩短，可能会导致后期的玉米生物量和产量下降。

花粒期阶段，丹玉39三叶期（3 d）花粒期天数较对照增加4 d，七叶期（5 d）较对照减少3 d，其他处理无变化；丹玉42三叶期（3 d）花粒期天数较对照增加1 d，七叶期（3 d）无变化，其他处理较对照减少1 d。两个品种4个处理的花粒期天数与对照相比无明显规律。比较两个品种4个处理各生育期天数变化发现，丹玉42在苗期和穗期受低温影响较大，低温胁迫后呈现苗期时间延长、穗期时间减少的趋势。

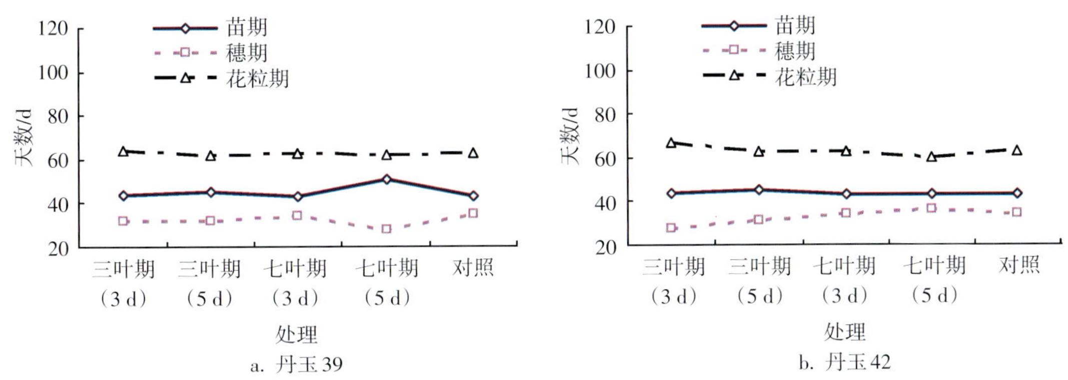

图2-29 两个玉米品种不同处理生育期天数变化情况比较

⑤低温胁迫对玉米果穗性状的影响。两个品种4个低温胁迫处理及对照成熟后，对其果穗性状（果穗长、果穗粗、秃尖长）进行比较（图2-30）。丹玉39除三叶期（5 d）果穗长大于对照0.85 cm外，其他处理果穗长均小于对照1.65~2.55 cm，丹玉42的4个不同低温处理果穗长均小于对照0.92~3.23 cm（图2-30a）；丹玉39除七叶期（3 d）果穗粗小于对照0.62 cm外，其他处理果穗粗均大于对照0.14~0.31 cm，丹玉42果穗粗均小于对照0.14~1.44 cm（图2-30b）；丹玉39的4个处理秃尖比均大于对照0.01~0.03 cm，丹玉42的4个处理秃尖比均小于对照0.02~0.03 cm（图2-30c）。

4个处理的丹玉39果穗长、粗与对照相比无明显规律，丹玉42果穗长、粗均小于对照，丹玉39的秃尖比略大于对照，丹玉42略小于对照。由于丹玉42的后期生长恢复能力较差，果穗大小差于对照，导致丹玉42生物量和产量都受低温影响而降低。

⑥低温胁迫对玉米生物量及产量的影响。图2-31分别给出了两个品种4个低温胁迫处理及其对照的株茎秆重、株籽粒重和百粒重情况。丹玉39除三叶期（3 d）的株茎秆重略低于对照2.75 g外，其他处理高于对照52.3~70.8 g；丹玉42的4个处理的株茎秆重低于对照38.9~139.2 g；前期低温胁迫对两个品种的玉米株茎秆重影响程度不一，丹玉39未受影响，丹玉42受低温影响较大，株茎秆重显著减少（图2-31a）。丹玉39除七叶期（5 d）的株籽粒重大于对照14.5 g外，其他处理均小于对照2.9~41.1 g；丹玉42普遍低于对照40.1~193.7 g；前期低温胁迫对丹玉39的株籽粒重影响无规律，而丹玉42受低温影响较大，株籽粒重显著减少（图2-31b）。丹玉39的百粒重普遍高于对照3.7~4.8 g，丹玉42普遍低于对照0.9~3.8 g；前期低温胁迫对丹玉39的百粒重没有影响，丹玉42百粒重减少，产量降低（图2-31c）。

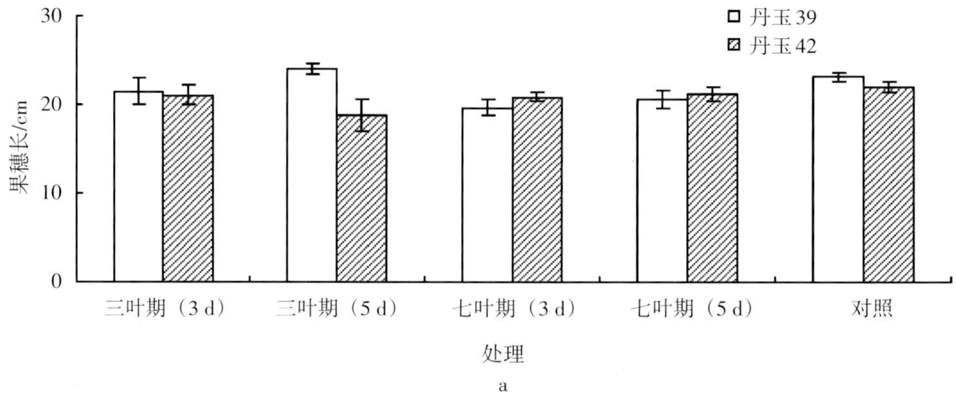

a

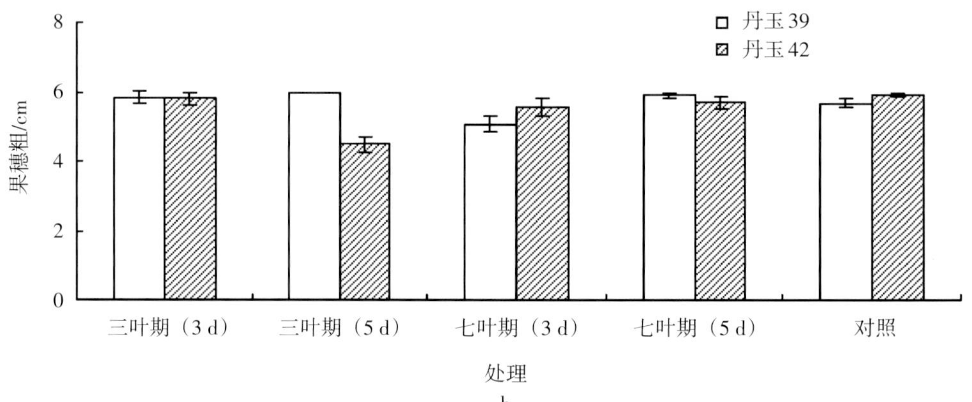

b

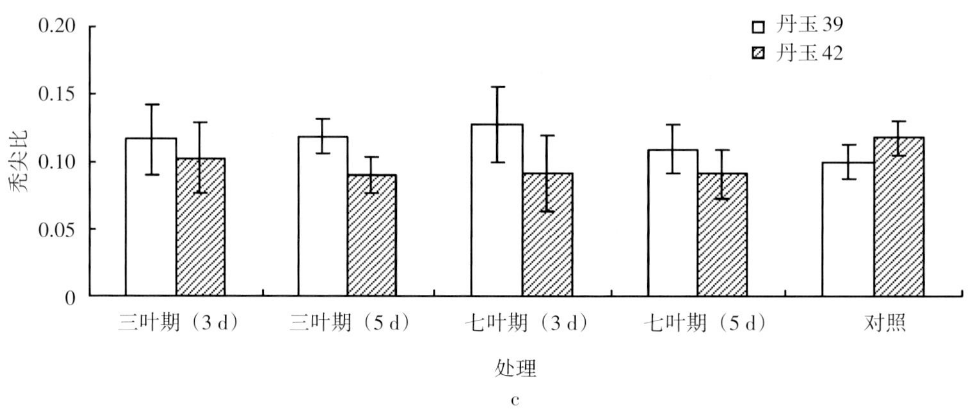

c

图2-30　两个玉米品种不同处理果穗性状比较

4个处理的丹玉39株茎秆重、株籽粒重和百粒重与对照相比无明显规律，受前期低温影响较小，丹玉42的株茎秆重、株籽粒重和百粒重与对照相比均显著减少，受前期低温影响，丹玉42的最终生物量与产量下降。

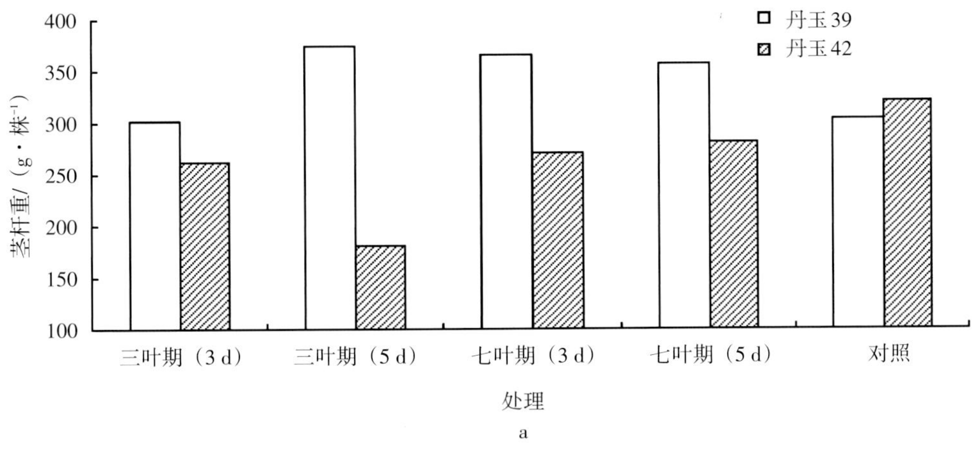

a

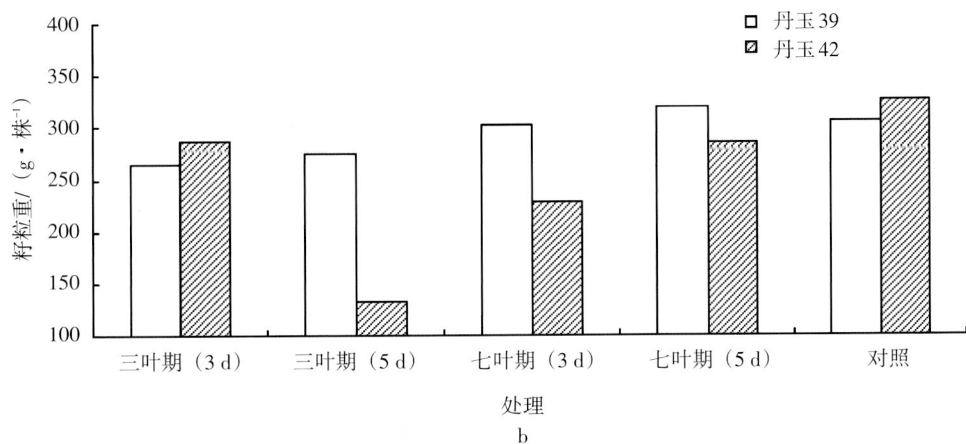

b

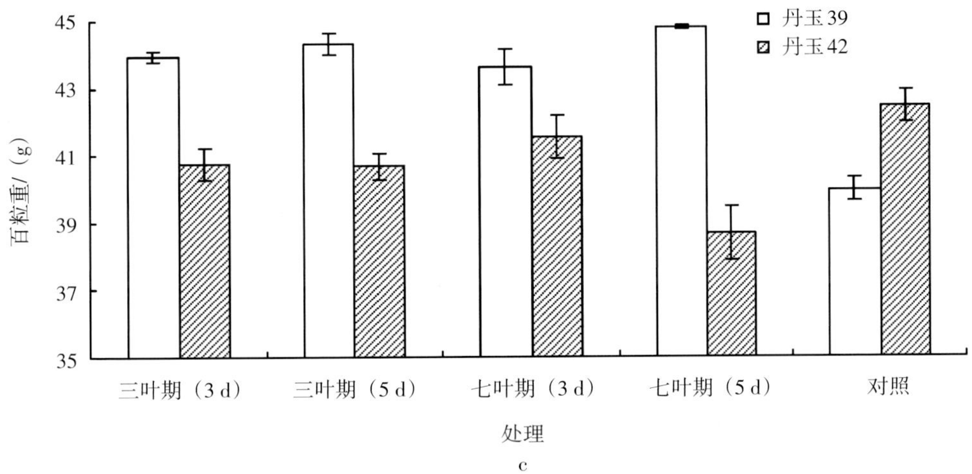

c

图2-31 两个品种低温胁迫后玉米产量和生物量的比较

通过对两个玉米品种（丹玉39和丹玉42）在三叶期和七叶期进行低温胁迫3 d和5 d，并与未进行低温胁迫的两个玉米品种进行对照，比较不同低温处理后玉米生长发育及其产量的变化情况，得到以下结论：

控温前后叶面积指数的变化。苗期低温胁迫后，两个品种4个处理的叶面积增长率均小于对照，低温胁迫抑制了玉米的生长，导致叶面积增长率小于正常生长（对照），其中对丹玉39的影响大于丹玉42。

控温处理后玉米叶面积生长状况变化。经过苗期低温胁迫后，丹玉39后期叶面积逐渐接近并最终在乳熟期达到对照正常水平，而丹玉42的后期恢复能力较差。

低温胁迫后玉米生育期变化。两个品种4个处理各生育期天数变化发现，即玉米营养生长阶段延长而生殖生长阶段缩短，可能会导致后期的玉米生物量和产量下降。

成熟后玉米果穗性状变化。4个处理的丹玉39果穗长、粗与对照相比无明显规律，丹玉42果穗长、粗均小于对照，丹玉39的秃尖比略大于对照，丹玉42略小于对照。由于丹玉42的后期生长恢复能力较差，果穗大小差于对照，导致丹玉42生物量和产量都受影响而降低。

成熟后玉米生物量及产量的变化。4个处理的丹玉39株茎秆重、株籽粒重和百粒重与对照相比无明显规律，受前期低温影响较小，丹玉42的株茎秆重、株籽粒重和百粒重与对照相比均显著减少，受前期低温影响，丹玉42的最终生物量与产量下降。

由于作物生育期内气象条件的变化以及玉米在生长发育阶段的前后连续性、互补性，在不同的光、温、水作用下，都有可能加快或延迟玉米的发育进程，从而起到减轻或加剧前期不利温度条件的影响程度。因此，苗期的低温胁迫处理并不一定完全抑制玉米生长发育和导致减产，还需结合不同品种、不同的气象条件变化做进一步研究。

2.2.4 水稻分期播种试验结果

选用3个辽宁水稻主栽品种辽星1（中熟）、盐丰47（中晚熟）、辽优5218（晚熟）分别进行分期移栽试验。试验选定4个育秧期，播种期分别为4月20日（Ⅰ）、4月30日（Ⅱ）、5月10日（Ⅲ）和5月20日（Ⅳ），按育秧期再设定4个移栽期，移栽期分别为5月23日（Ⅰ）、6月3日（Ⅱ）、6月13日（Ⅲ）和6月24日（Ⅳ）。每个移栽期每个品种设定3个重复小区，用于发育期、株高、密度、生长量、产量因素和产量结构分析观测。试验栽培管理按当地现行栽培管理技术进行。试验观测项目包括发育期（播种期、出苗期、三叶期、移栽期、返青期、分蘖期、孕穗期、抽穗期、乳熟期、成熟期）、株高、密度、生育过程干物质测定、叶面积测定、灌浆速度测定、产量结构分析（穗粒数、穗结实粒数、空壳率、秕谷率、千粒重、理论产量、株成穗数、成穗率、茎秆重、籽粒与茎秆比），同步观测日平均气温、最低气温、最高气温、日照、风速、降水量等气象要素。各观测项目和观测方式均按中国气象局现行的《农业气象观测规范》进行，观测时间视项目需求适当加密。试验期间按当地农业生产的管理方式进行，保证水分充足，水分不构成作物生长的限制因子。

2.2.4.1 播期对3个水稻品种分蘖数的影响

3个品种4个播期的水稻在分蘖初期分蘖数增长缓慢，中期增长迅速，随后平稳。4个播期处理中，3个品种的水稻分蘖数增长趋势一致。Ⅰ播期辽星1、盐丰47和辽优5218的最大分蘖数分别为23，27，23；盐丰47最大分蘖数略高于其他2个品种，3个品种的分蘖速率基本持平。Ⅱ播期辽星1、盐丰47和辽优5218的最大分蘖数分别为22，32，22；Ⅲ播期分别为24，29，28；Ⅳ播期分别为18，24，18；Ⅱ，Ⅲ，Ⅳ播期盐丰47的最大分蘖数均高于其他2个品种。3个品种分蘖速率为盐丰47 > 辽优5218 > 辽星1（图2-32）；盐丰47在Ⅱ播期分蘖数最高，辽星1和辽优5218均在Ⅲ播期分蘖数高于其他3个播期。

从移栽期到水稻分蘖普遍期所用天数：Ⅰ播期辽星1、盐丰47和辽优5218的用时分别为17，17，14 d，其中辽优5218用时最短；Ⅱ播期分别为18，14，14 d，盐丰47和辽优5218用时相同，比辽星1短；Ⅲ播期分别为11，8，11d，盐丰47用时最短；Ⅳ播期均为14 d，用时相同。3个品种均在Ⅲ播期达到分蘖普遍期的用时较其他3个播期短。

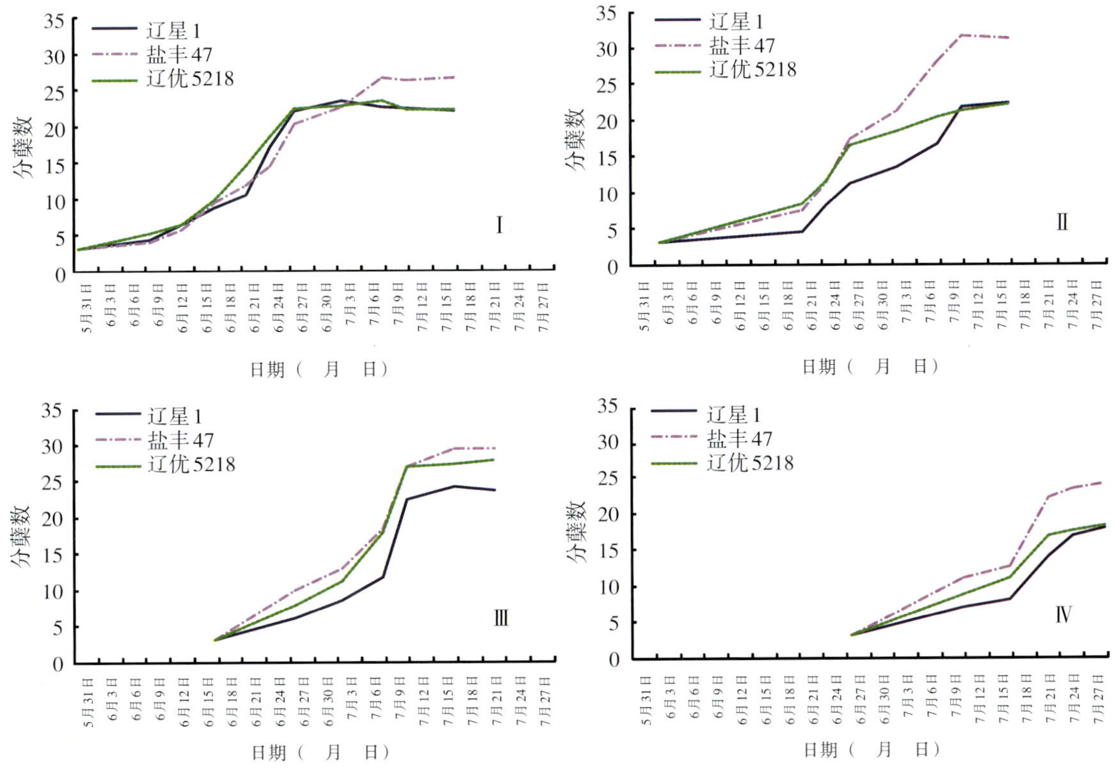

图2-32 3个品种4个播期水稻分蘖数的比较

水稻分蘖受遗传因素和环境因素以及栽培措施的共同影响，其中环境因素中气温影响最大。从移栽到分蘖普遍期，4个播期的平均气温分别为22.7 ~ 23.0 ℃，22.2 ~ 22.9 ℃，

24.4～24.7 ℃，24.9 ℃。其中Ⅰ，Ⅱ播期的平均温度偏低；Ⅲ，Ⅳ播期的平均温度较高。受到前期平均温度的影响，Ⅰ，Ⅱ播期从移栽期到分蘖普遍期的天数较长；Ⅲ，Ⅳ播期较短。将3个品种4个播期的分蘖数与气温（当日）、前期平均温度（移栽期至当前日期）、前期积温（移栽期至当前日期）进行Person相关分析，从表2-15发现，气温与分蘖数的相关系数为0.05～0.88，相关关系不显著。前期平均温度与分蘖数相关系数为0.50～0.96，普遍达到显著相关。前期积温与分蘖数相关系数为0.91～0.98，均达到极显著相关，分蘖数受前期积温影响比前期平均气温影响更显著。

表2-15 3个水稻品种分蘖数与温度因子相关关系

播期	品种	相关系数		
		前期积温	前期平均温度	气温
Ⅰ	辽星1	0.91*	0.58*	0.48
	盐丰47	0.97*	0.65*	0.63*
	辽优5218	0.91*	0.50	0.55*
Ⅱ	辽星1	0.95*	0.86*	0.34
	盐丰47	0.96*	0.89*	0.37
	辽优5218	0.96*	0.93*	0.18
Ⅲ	辽星	0.93*	0.90*	0.81*
	盐丰47	0.97*	0.96*	0.85*
	辽优5218	0.95*	0.94*	0.88*
Ⅳ	辽星1	0.95*	0.79*	0.08
	盐丰47	0.97*	0.86*	0.09
	辽优5218	0.98*	0.88 *	0.05

注：*为$P<0.01$水平下显著相关。

2.2.4.2 播期对3个水稻品种株高的影响

3个品种4个播期的水稻株高（返青—抽穗末期）均呈现逐渐增加的趋势。抽穗末期，Ⅰ播期辽星1、盐丰47、辽优5218的株高分别为107.9，93.3，119.6 cm；Ⅱ播期分别为110.0，103.0，119.6 cm；Ⅲ播期分别为113.8，104.4，123.3 cm；Ⅳ播期分别为103.6，102.1，118.9 cm。4个播期的株高及增长速度均为辽优5218＞辽星1＞盐丰47（图2-33）。3个品种均在Ⅲ播期抽穗末期株高高于其他3个播期。4个播期返青—抽穗末期的平均温度分别为25.1，25.5，26.2，23.3 ℃；Ⅱ，Ⅲ播期处理的平均温度高于Ⅰ，Ⅳ播期；Ⅱ，Ⅲ播期的温度条件更利于水稻株高增长。

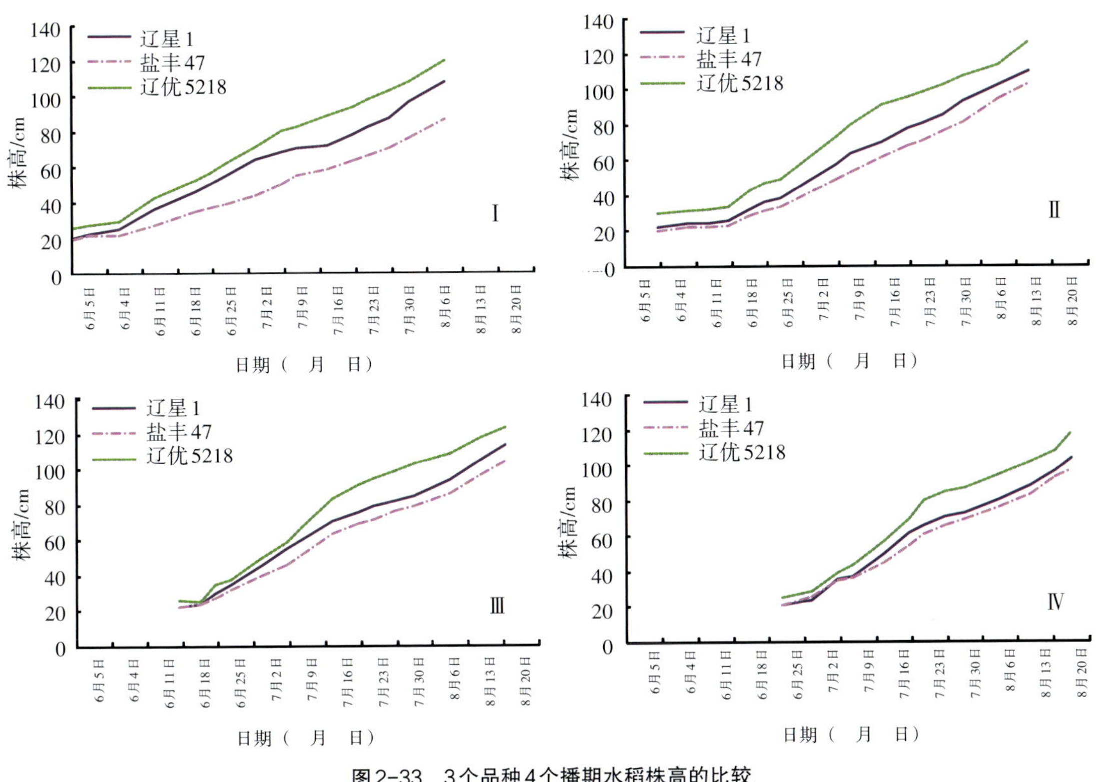

图2-33 3个品种4个播期水稻株高的比较

将3个品种4个播期的株高与平均气温、最高气温、最低气温（观测日）、前期积温（返青—抽穗末期）进行Person相关分析。从表2-16发现，Ⅰ，Ⅱ，Ⅲ播期最高气温、最低气温、平均气温与株高的相关系数普遍显著相关；Ⅳ播期相关关系不显著。3个品种4个播期水稻株高与前期积温的相关关系非常显著。3个品种Ⅰ，Ⅱ，Ⅲ播期水稻株高同时受到最高气温、最低气温以及平均温度的影响；而Ⅳ播期株高受温度影响较小。4个播期均受到前期积温影响显著。

表2-16 3个水稻品种株高与温度因子相关关系

播期	品种	相关系数			
		最高气温	最低气温	平均气温	前期积温
Ⅰ	辽星1	0.704*	0.713*	0.770*	0.993*
	盐丰47	0.685*	0.784*	0.812*	0.995*
	辽优5218	0.744*	0.702*	0.772*	0.996*
Ⅱ	辽星1	0.701*	0.821*	0.830*	0.995*
	盐丰47	0.697*	0.809*	0.809*	0.993*
	辽优5218	0.718*	0.812*	0.841*	0.991*

续表

播期	品种	相关系数			
		最高气温	最低气温	平均气温	前期积温
Ⅲ	辽星1	0.514	0.586*	0.601*	0.991*
	盐丰47	0.508	0.586*	0.598*	0.995*
	辽优5218	0.544*	0.596*	0.618*	0.983*
Ⅳ	辽星1	0.173	0.373	0.380	0.985*
	盐丰47	0.150	0.376	0.362	0.992*
	辽优5218	0.192	0.362	0.393	0.980*

注：*为$P < 0.01$水平下显著相关。

2.2.4.3 播期对3个水稻品种关键生育期地上干质量、叶面积的影响

3个品种4个播期的水稻地上干质量（返青—成熟期）基本呈现逐渐增加的趋势（Ⅲ播期—乳熟期略有下降）（图2-34a）；成熟期，Ⅰ播期辽星1、盐丰47、辽优5218的地上干质量分别为44.3，50.1，76.2 g/株，Ⅱ播期分别为45.7，56.0，56.6 g/株；Ⅲ播期分别为50.1，54.3，53.2 g/株，Ⅳ播期分别为32.3，36.4，36.1 g/株。其中Ⅰ，Ⅱ播期辽优5218地上干质量高于其他2个品种；Ⅲ，Ⅳ播期盐丰47地上干质量最高。辽星1在Ⅲ播期的地上干质量高于其他3个播期；盐丰47在Ⅱ播期最高，辽优5218在Ⅰ播期最高。

3个品种4个播期的水稻叶面积指数（返青—成熟期）呈现两边低中间高的曲线趋势，叶面积指数随着生长过程不断增长，普遍在孕穗期前后达到峰值，随后下降。孕穗期，Ⅰ播期辽星1、盐丰47、辽优5218的叶面积指数分别为7.57，7.81，8.24；Ⅱ播期分别为8.23，8.07，11.48；Ⅲ播期分别为9.62，9.24，9.58；Ⅳ播期分别为11.34，10.64，11.97。其中Ⅰ，Ⅱ，Ⅳ播期辽优5218的叶面积指数均高于其他2个品种；Ⅲ播期辽星1略高于其他2个品种。水稻孕穗期，3个品种均在Ⅳ播期的叶面积指数最高，普遍表现为播期越晚、叶面积指数越高的趋势（图2-34b）。

将3个品种4个不同播期的地上干质量和叶面积指数分别与前期积温进行回归分析（图2-35a、图2-35b），发现地上干质量和积温二者呈明显的线性关系，相关系数（R^2）为0.832～0.988，均达到极显著水平。叶面积指数与前期积温呈明显的二次曲线关系，相关系数（R^2）为0.683～0.946，均达到极显著水平。

积温每增加100 ℃，4个播期辽星1水稻地上干质量分别增加1.8，2.0，2.4，1.6 g/株；盐丰47分别增加2.0，2.4，2.4，1.8 g/株；辽优5218分别增加3.0，2.3，2.6，2.0 g/株。3个品种的地上干质量增长率为辽优5218 > 盐丰47 > 辽星1；Ⅱ，Ⅲ播期辽星1和盐丰47水稻地上干质量增加最多，Ⅰ，Ⅳ播期增加较少；Ⅰ，Ⅲ播期辽优5218地上干质量增加较多；Ⅳ播期地上干质量增加最少。叶面积指数随着积温的增加而增加，当积温达到

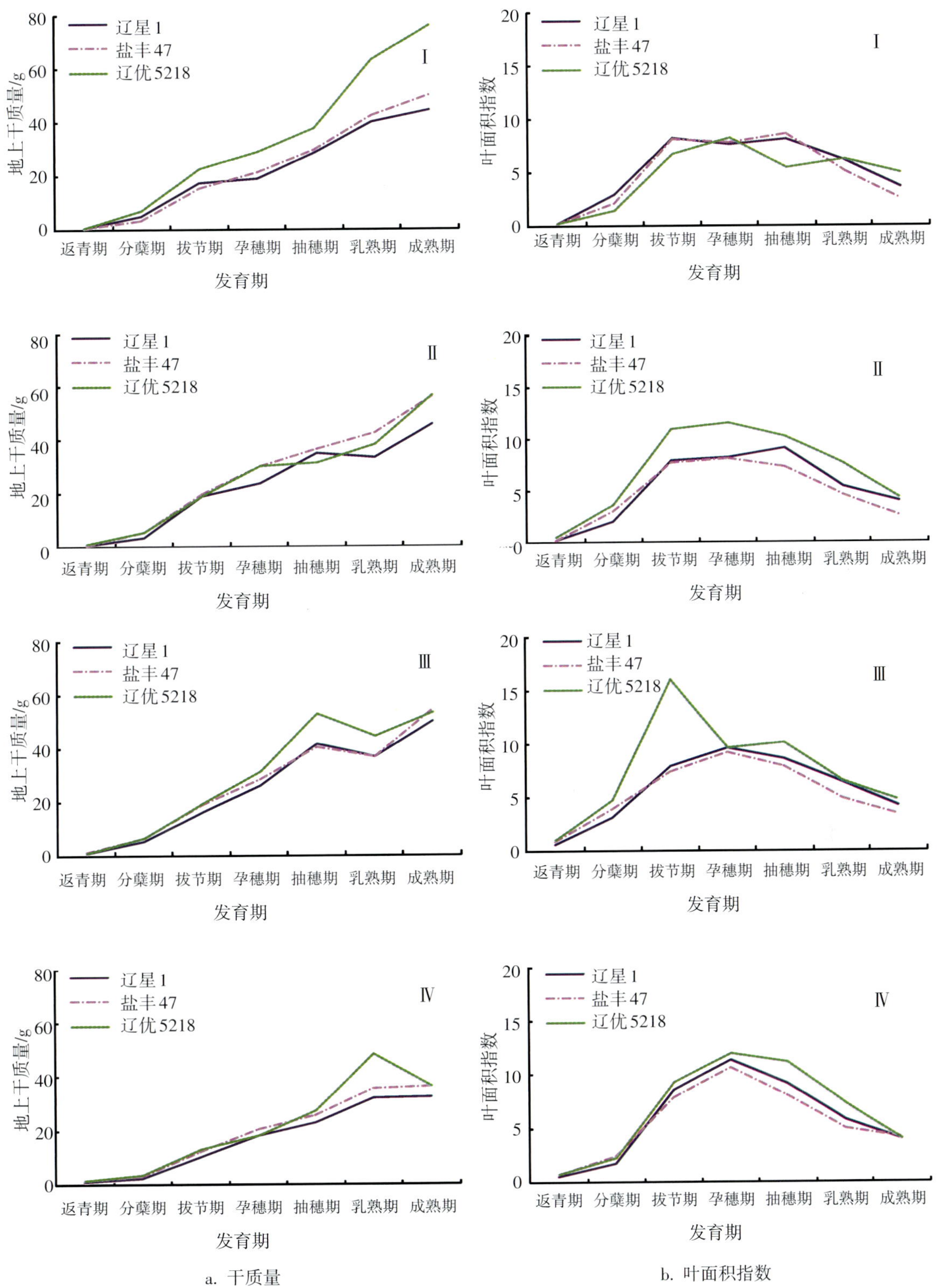

图2-34 3个品种4个播期水稻地上干质量和叶面积指数的比较

1 500～2 000℃时，3个品种4个播期的水稻叶面积指数达到最大，此后叶面积指数下降，不再随着积温的增加而增加。

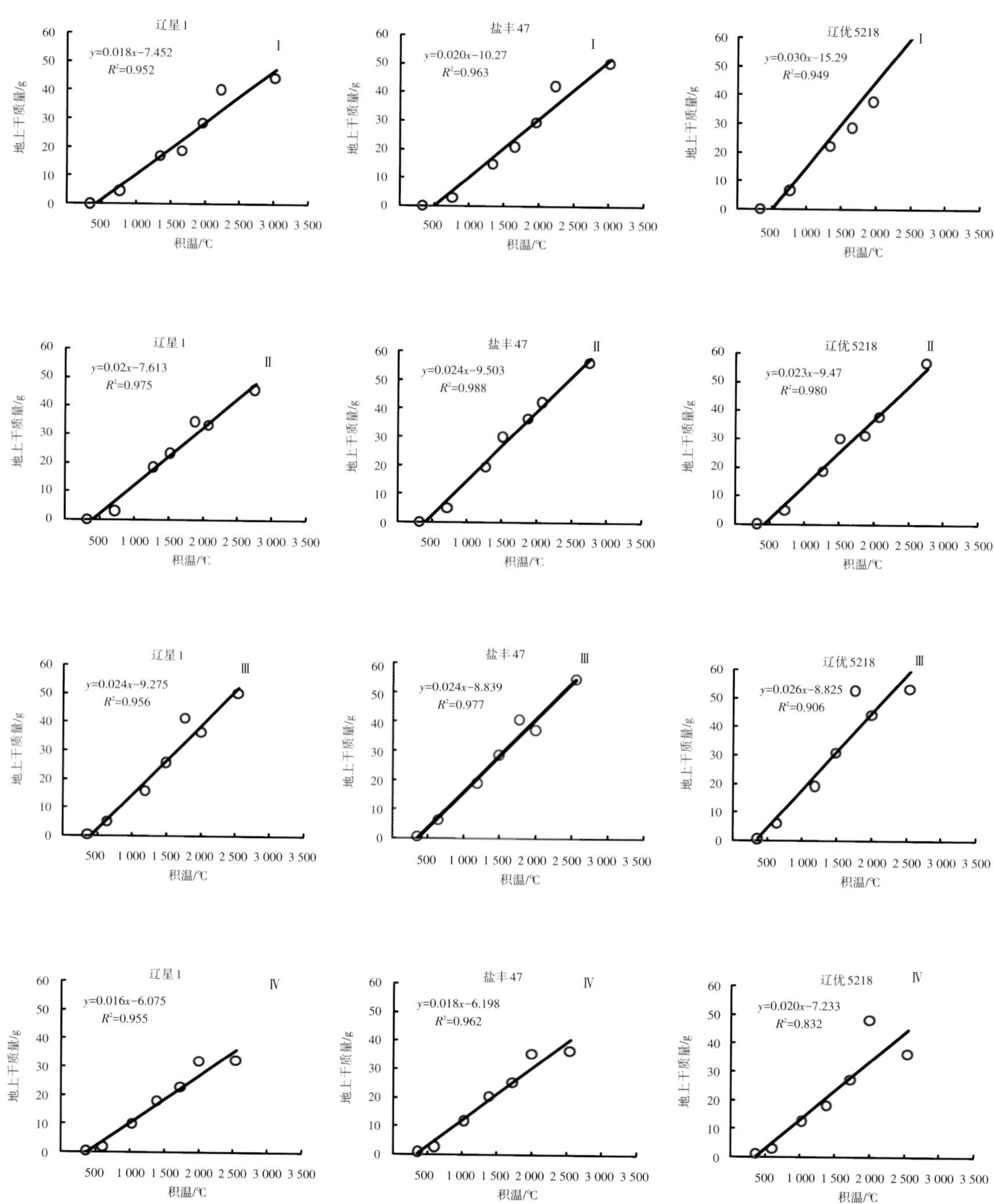

图2-35a　3个品种4个播期水稻地上干质量与前期积温的关系

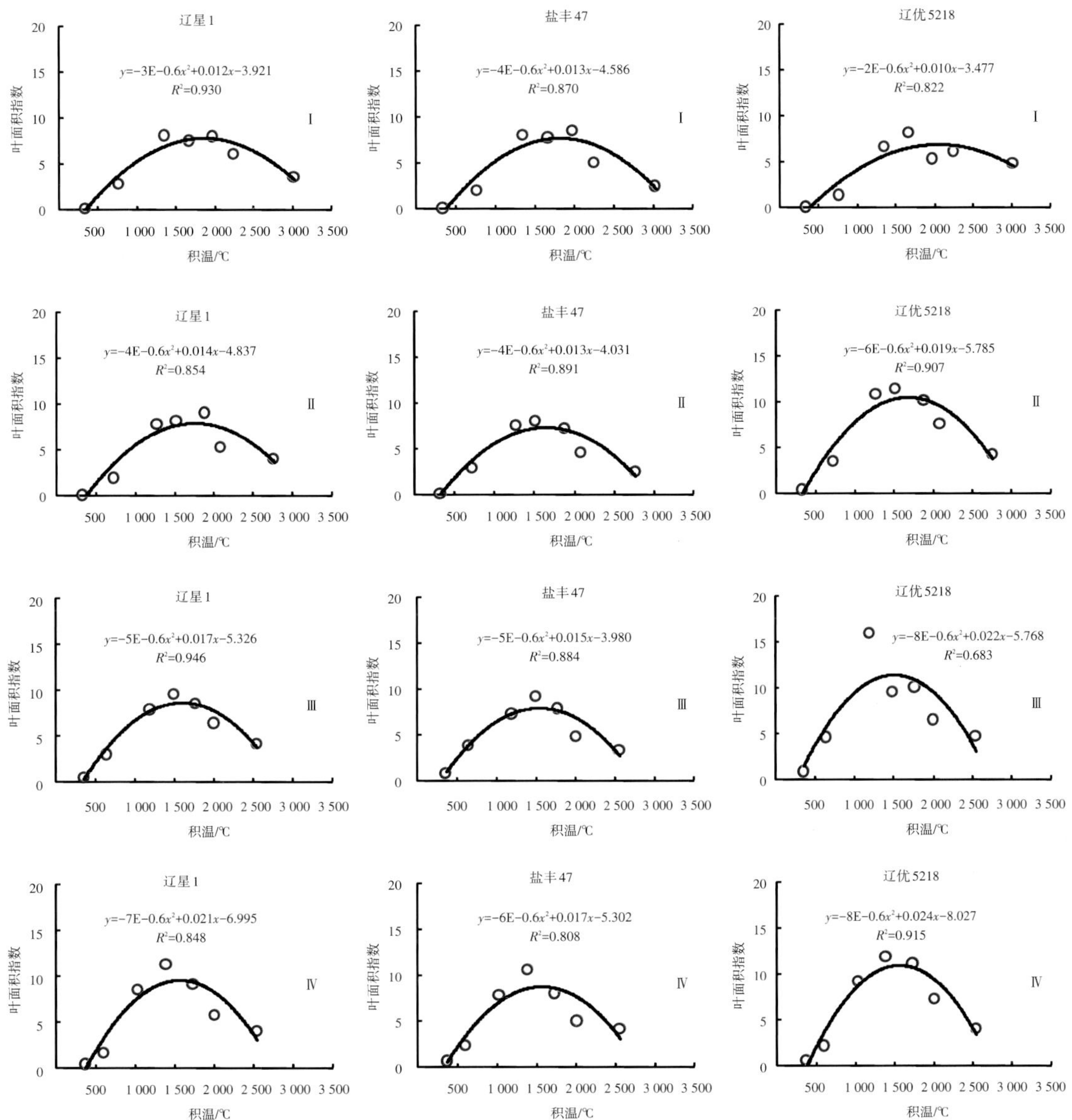

图2-35b 3个品种4个播期水稻叶面积指数与前期积温的关系

2.2.4.4 播期对3个品种水稻产量及其构成因素的影响

图2-36分别给出了3个品种4个播期的穗粒数（图2-36a）、穗结实粒数（图2-36b）、空壳率（图2-36c）、秕谷率（图2-36d）、千粒重（图2-36e）、成穗率（图2-36f）、茎秆重（图2-36g）和实际产量情况（图2-36h）。

Ⅰ播期，辽星1、盐丰47、辽优5218的穗粒数分别为195，138，220粒；穗结实粒数分别为125，94，132粒；空壳率分别为10.4%，12.7%，14.5%；秕谷率分别为25.7%，19.5%，25.8%；千粒重分别为20.6，23.3，23.4 g；成穗率分别为65.7%，62.0%，63.2%；茎秆重分别为1.3，1.5，2.4 g/株；实际产量分别为636.3，648.6，663.5 kg。其中，辽优5218的穗粒数、穗结实粒数、千粒重、茎秆重和实际产量最高，但同时其空壳率和秕谷率也最高；辽星1的成穗率最高，空壳率最低。Ⅰ播期3个品种中辽优5218的产量最高、品质略差。

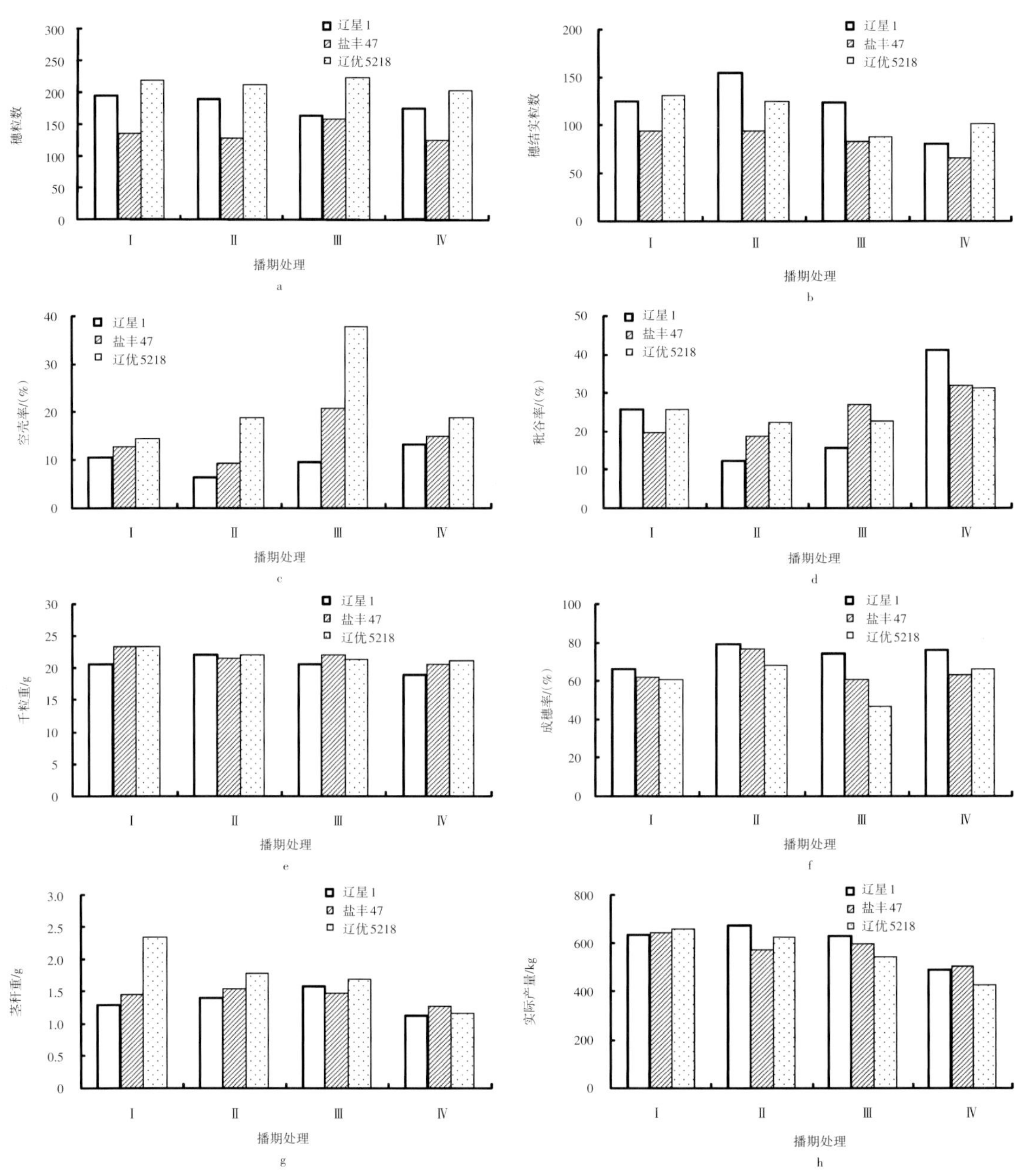

图2-36　3个品种4个播期水稻产量及其构成因素的比较

Ⅱ播期，辽星1、盐丰47、辽优5218的穗粒数分别为189，130，220粒；穗结实粒数分别为154，94，125粒；空壳率分别为6.3%，9.3%，18.9%；秕谷率分别为12.2%，18.6%，22.5%；千粒重分别为22.0，21.5，22.1 g；成穗率分别为78.6%，76.9%，68.2%；

茎秆重分别为1.4，1.6，1.8 g/株；实际产量分别为674.3，576.5，627.9 kg。其中，辽优5218的穗粒数、千粒重、茎秆重最高，其空壳率和秕谷率也最高。辽星1的穗结实粒数、成穗率和实际产量最高，空壳率和秕谷率最低。Ⅱ播期3个品种中，辽优5218的产量最高，辽星1的品质最好。

Ⅲ播期，辽星1、盐丰47、辽优5218的穗粒数分别为164，159，223粒；穗结实粒数分别为123，83，88粒；空壳率分别为9.3%，20.8%，37.7%；秕谷率分别为15.3%，26.9%，22.8%；千粒重分别为20.5，22.1，21.4 g；成穗率分别为73.9%，60.9%，46.7%；茎秆重分别为1.6，1.5，1.7 g/株；实际产量分别为632.0，600.6，545.4 kg。其中，辽优5218的穗粒数、茎秆重和空壳率最高；辽星1的穗结实粒数、成穗率和实际产量最高，同时空壳率和秕谷率最低；盐丰47的千粒重最高，秕谷率最高。Ⅲ播期3个品种中辽星1的产量最高，同时品质最高。

Ⅳ播期，辽星1、盐丰47、辽优5218的穗粒数分别为175，126，204粒；穗结实粒数分别为81，67，102粒；空壳率分别为13.1%，15.0%，18.9%；秕谷率分别为41.1%，32.0%，31.3%；千粒重分别为18.9，20.7，21.2 g；成穗率分别为75.9%，63.2%，66.2%；茎秆重分别为1.1，1.3，1.2g/株；实际产量分别为490.6，505.5，431.4 kg。其中，辽优5218的穗粒数、穗结实粒数、千粒重和空壳率最高；辽星1的成穗率和秕谷率最高，盐丰47的茎秆重和实际产量最高。Ⅳ播期3个品种中，盐丰47的产量最高，3个品种的品质均略差。

辽星1在Ⅰ播期的穗粒数高于其他3个播期，在Ⅱ播期的穗结实粒数、千粒重、成穗率、实际产量最高，同时空壳率和秕谷率低于其他3个播期，在Ⅳ播期的空壳率和秕谷率均最高，辽星1在Ⅱ播期的产量和品质均高于其他3个播期；盐丰47在Ⅰ播期的千粒重和实际产量高于其他3个播期，在Ⅱ播期的空壳率和秕谷率最低，成穗率和茎秆重最高，在Ⅲ播期的穗粒数最高，但空壳率也最高，在Ⅳ播期的秕谷率最高，盐丰47在Ⅰ播期的产量最高，在Ⅱ播期的品质最高，Ⅲ、Ⅳ播期的品质略差；辽优5218在Ⅰ播期的穗结实粒数、千粒重、茎秆重和实际产量最高，同时空壳率最低，在Ⅱ播期的成穗率最高，秕谷率最低，在Ⅲ播期的穗粒数最高，但空壳率也最高，在Ⅳ播期的秕谷率最高，辽优5218在Ⅰ播期的实际产量和品质均高于其他3个播期。

辽星1适宜在Ⅱ播期移栽，盐丰47适宜在Ⅰ、Ⅱ播期移栽，辽优5218适宜在Ⅰ播期播种。Ⅰ、Ⅱ播期的温度条件更利于3个品种水稻的产量形成，Ⅲ、Ⅳ播期积温较短，不利于产量的形成，同时由于Ⅳ播期开花灌浆期温度适宜度较低，导致Ⅳ播期的产量及品质均较低，3个品种均不适宜在Ⅳ播期移栽。

在大田条件下，以3个水稻品种（辽星1、盐丰47、辽优5218）为试验材料，设置4个播种期，分析播期对3个品种水稻关键生育阶段生长发育及产量特征的影响。结果表明：①3个品种均在Ⅲ播期的株高最高，均在Ⅳ播期地上干质量增加最少，在Ⅳ播期的叶面积指数最高。辽星1和盐丰47在Ⅱ，Ⅲ播期的地上干质量增加最多；盐丰47在Ⅱ，Ⅲ播期的分蘖数和分蘖速度较高；辽优5218在Ⅰ，Ⅲ播期的地上干质量增加最高。Ⅱ，Ⅲ

播期的温度条件更适宜辽星1和盐丰47的分蘖以及地上干物质的积累，Ⅰ，Ⅲ播期更适宜辽优5218的地上干物质积累，3个品种均不适宜在Ⅳ播期生长。②从产量及其结构组成分析，辽星1适宜在Ⅱ播期移栽，盐丰47适宜在Ⅰ，Ⅱ播期移栽，辽优5218适宜在Ⅰ播期播种。Ⅰ，Ⅱ播期的温度条件更利于3个品种水稻的产量形成；Ⅲ，Ⅳ播期积温较短，不利于产量的形成，同时由于Ⅳ播期开花灌浆期温度适宜度较低，导致Ⅳ播期的产量及品质均较低，3个品种均不适宜在Ⅳ播期移栽。③综合水稻生长及产量形成因素，Ⅰ播期更适宜辽优5218的生长发育和产量形成，即≥10 ℃积温3 000 ℃左右，平均温度24 ℃左右；Ⅱ播期更适宜辽星1和盐丰47水稻的生长发育和产量形成，即≥10 ℃积温2 700～2 800℃，平均温度24 ℃左右，各生长发育阶段温度适宜度指数在0.9以上。

3 主要农业气象灾害监测指标

除农业政策、品种更替和技术变革影响外，粮食产量增减变化与气象灾害轻重变化基本一致。近年来，我国每年因各种气象灾害造成的农作物受灾面积达5 000万hm^2，导致的粮食损失超过500亿kg，占全国粮食总产量的10%以上；因灾害导致的单品种粮食产量波动可达20%左右，严重时可达30%以上。东北地区受气象条件和农业气象灾害影响，粮食单产波动系数全国最大，达到522。

3.1 玉米干旱监测指标

干旱是一种常见的、对人类经济社会和自然生态环境系统具有较大影响的自然灾害。我国农业干旱主要分布在华北、东北和西北东部地区。东北地区、内蒙古地区和西北地区的农业干旱存在显著的加重趋势，其中东北地区和内蒙古地区的趋势为极显著增加。该事实揭示了我国北方干旱化正在加剧。我国严重农业干旱和特大农业干旱分布基本一致，主要分布在长江以北，集中在东北、华北、内蒙古和西北东部。华北、内蒙古和西北东部不仅是农业干旱最严重的地区，而且也是极端农业干旱最严重的区域。

2015年10月31日，中华人民共和国国家标准《农业干旱等级》（GB/T 32136—2015）正式发布，其中，采用作物水分亏缺距平值、土壤相对湿度指数、农田与作物干旱形态指标来划分农业干旱等级。为了提高指标在辽宁省乃至东北地区的适用性，通过大量的基础试验和检验，建立了一套适用于本地区的玉米干旱监测指标体系。

3.1.1 土壤相对湿度干旱指标

3.1.1.1 技术方法

土壤相对湿度是土壤湿度占田间持水量的百分比。当土壤湿度低于某一数值时，作物吸收不到足够的水分就会受旱。土壤湿度干旱指标是实际干旱程度强弱的一种反映，可以直观地表示作物生长的供水状况，判别农业干旱比较方便，作为农业干旱指标有很大的优越性。考虑不同土壤质地间持水能力的差异以及春玉米不同生育阶段对水分的敏感程度，制订土壤相对湿度干旱等级指标。土壤相对湿度干旱指数的计算如下：

$$R = \frac{w}{f} \times 100\% \tag{3-1}$$

式中，R 为土壤相对湿度（%）；w 为土壤湿度（%），通常用土壤重量含水率表示；f 为土壤田间持水量（%）。

w 的计算如下：

$$w = \frac{m_w - m_d}{m_d} \times 100\% \tag{3-2}$$

式中，m_w 为湿土质量（g）；m_d 为干土质量（g）。

3.1.1.2 土壤相对湿度干旱等级指标

针对春玉米播种—出苗、出苗—拔节、拔节—抽雄、抽雄—乳熟、乳熟—成熟5个主要发育阶段和黏土、壤土、沙土3类土壤类型，建立了不同干旱等级的土壤湿度指标，见表3-1。

表3-1 土壤相对湿度干旱等级划分

土壤质地	等级	各发育阶段土壤相对湿度 R/（%）				
		播种—出苗	出苗—拔节	拔节—抽雄	抽雄—乳熟	乳熟—成熟
黏土	无旱	$R>70$	$R>65$	$R>75$	$R>80$	$R>70$
	轻旱	$60<R\leq70$	$55<R\leq65$	$65<R\leq75$	$70<R\leq80$	$60<R\leq70$
	中旱	$50<R\leq60$	$45<R\leq55$	$55<R\leq65$	$60<R\leq70$	$50<R\leq60$
	重旱	$40<R\leq50$	$35<R\leq45$	$45<R\leq55$	$50<R\leq60$	$40<R\leq50$
	特旱	$R\leq40$	$R\leq35$	$R\leq45$	$R\leq50$	$R\leq40$
壤土	无旱	$R>65$	$R>60$	$R>70$	$R>75$	$R>65$
	轻旱	$55<R\leq65$	$50<R\leq60$	$60<R\leq70$	$65<R\leq75$	$55<R\leq65$
	中旱	$45<R\leq55$	$40<R\leq50$	$50<R\leq60$	$55<R\leq65$	$45<R\leq55$
	重旱	$35<R\leq45$	$30<R\leq40$	$40<R\leq50$	$45<R\leq55$	$35<R\leq45$
	特旱	$R\leq35$	$R\leq30$	$R\leq40$	$R\leq45$	$R\leq35$
沙土	无旱	$R>60$	$R>55$	$R>65$	$R>70$	$R>60$
	轻旱	$50<R\leq60$	$45<R\leq55$	$55<R\leq65$	$60<R\leq70$	$50<R\leq60$
	中旱	$40<R\leq50$	$35<R\leq45$	$45<R\leq55$	$50<R\leq60$	$40<R\leq50$
	重旱	$30<R\leq40$	$25<R\leq35$	$35<R\leq45$	$40<R\leq50$	$30<R\leq40$
	特旱	$R\leq30$	$R\leq25$	$R\leq35$	$R\leq40$	$R\leq30$

3.1.2 水分亏缺指数干旱指标

3.1.2.1 技术方法

充分考虑水分收入与支出平衡及过去50 d内的降水影响效应，利用水分亏缺指数模型，建立干旱等级指标。

某时段作物水分亏缺指数的计算：

$$CWDI = a \times CWDI_i + b \times CWDI_{i-1} + c \times CWDI_{i-2} + d \times CWDI_{i-3} + e \times CWDI_{i-4} \tag{3-3}$$

式中，$CWDI$ 为某时段累计水分亏缺指数；$CWDI_i$ 为第 i 时间单位（过去1～10 d）的水分亏缺指数，计算方法见式（3-4）；$CWDI_{i-1}$ 为第 $i-1$ 时间单位（过去11～20 d）的水分亏缺指数；$CWDI_{i-2}$ 为第 $i-2$ 时间单位（过去21～30 d）的水分亏缺指数；$CWDI_{i-3}$ 为第 $i-3$ 时间单位（过去31～40 d）的水分亏缺指数；$CWDI_{i-4}$ 为第 $i-4$ 时间单位（过去41～50 d）的水分亏缺指数；a，b，c，d，e 为权重系数，一般 a 取值为0.3，b 取值为0.25，c 取值为0.2，d 取值为0.15，e 取值为0.1。各地也可根据当地实际情况确定相应系数值。

$$CWDI_i = \begin{cases} \left(1 - \dfrac{P_i}{ET_{mi}}\right) \times 100\% & ET_{mi} \geqslant P_i \\ 0 & ET_{mi} < P_i \end{cases} \tag{3-4}$$

式中，P_i 为某10 d降水量；ET_{mi} 为某10 d春玉米的需水量，计算方法见式（3-5）。

$$ET_{mi} = K_c \times ET_{0i} \tag{3-5}$$

式中，ET_{0i} 为某10 d的参考蒸散量（可采用联合国粮农组织推荐的改进Penman-Monteith公式计算）；K_c 为春玉米相对应时段的作物系数（表3-2）。

表3-2 辽宁春玉米作物系数（K_c）

地区	4月	5月	6月	7月	8月	9月	全生育期
东部	0.47	0.68	0.92	1.13	1.12	0.84	0.86
南部	0.46	0.70	0.92	1.21	1.11	0.83	0.87
西部	0.36	0.51	0.72	1.12	1.04	0.77	0.75
北部	0.39	0.50	0.70	1.17	1.12	0.86	0.79
中部	0.40	0.52	0.76	1.21	1.13	0.89	0.81

3.1.2.2 水分亏缺指数干旱等级指标

针对春玉米播种—出苗、出苗—拔节、拔节—抽雄、抽雄—乳熟、乳熟—成熟5个主要发育阶段，建立了春玉米水分亏缺指数干旱等级指标，见表3-3。

表3-3 春玉米水分亏缺指数干旱等级

等级	各发育阶段水分亏缺指数 K_{CWDI} /（%）				
	播种—出苗	出苗—拔节	拔节—抽雄	抽雄—乳熟	乳熟—成熟
无旱	$K_{CWDI} \leqslant 45$	$K_{CWDI} \leqslant 50$	$K_{CWDI} \leqslant 35$	$K_{CWDI} \leqslant 35$	$K_{CWDI} \leqslant 50$
轻旱	$45 < K_{CWDI} \leqslant 60$	$50 < K_{CWDI} \leqslant 65$	$35 < K_{CWDI} \leqslant 50$	$35 < K_{CWDI} \leqslant 45$	$50 < K_{CWDI} \leqslant 60$
中旱	$60 < K_{CWDI} \leqslant 70$	$65 < K_{CWDI} \leqslant 75$	$50 < K_{CWDI} \leqslant 60$	$45 < K_{CWDI} \leqslant 55$	$60 < K_{CWDI} \leqslant 70$
重旱	$70 < K_{CWDI} \leqslant 80$	$75 < K_{CWDI} \leqslant 85$	$60 < K_{CWDI} \leqslant 70$	$55 < K_{CWDI} \leqslant 65$	$70 < K_{CWDI} \leqslant 80$
特旱	$K_{CWDI} > 80$	$K_{CWDI} > 85$	$K_{CWDI} > 70$	$K_{CWDI} > 65$	$K_{CWDI} > 80$

3.1.3 水分适宜度干旱指标

3.1.3.1 技术方法

干旱的基本原因是水分不能保证作物生长发育的基本需求，也就是水分的适宜程度低，因此，利用水分适宜度模型，开展干旱监测评估指标的研究。玉米不同发育阶段的水分适宜度可用式（3-6）表示。

$$S(r) = \begin{cases} 1 ---------- R \geqslant ET \\ \dfrac{R}{ET} ------ R < ET \end{cases} \tag{3-6}$$

$$R = \sum_{i=1}^{n} r_i \tag{3-7}$$

式中，R 为时段内（发育期）降水量，计算方法如式（3-7）；r_i 为发育期内某日降水；n 为发育期天数；ET 为玉米某发育期土壤相对湿度为60%时冠层蒸散量的发育期累积值，如式（3-8）。

$$ET = \sum_{i=1}^{n} ET_{ci} \tag{3-8}$$

$$ET_c i = k_w \times k_c \times ET_0 \tag{3-9}$$

式中，$ET_c i$ 为逐日蒸散量，计算方法如式（3-9）；k_c 为作物系数；ET_0 为参考蒸散量，计算方法采用FAO推荐的Penman-Monteith式（3-10）：

$$ET_0 = \frac{0.408\Delta(R_n - G) + \gamma \dfrac{900}{T+273} u_2(e_s - e_a)}{\Delta + \gamma(1 + 0.34u_2)} \tag{3-10}$$

k_w 为水分供应系数，表达式为式（3-11）。

$$k_w = \begin{cases} 0 ------------------ w_\theta < w_c \\ \dfrac{w_\theta - w_c}{w_f - w_c} ---------- w_c \leqslant w_\theta < w_f \\ 1 ------------------ w_\theta \geqslant w_f \end{cases} \tag{3-11}$$

式中，w_f 为田间持水量，w_c 为萎蔫湿度，w_θ 为实际土壤质量含水量，在现有农业气象业务中土壤相对湿度分为60%，50%，40%，分别为发生轻度、中度和重度干旱的临界指标，代入式（3–11）后再代入式（3–9）、式（3–8），可以得到发生不同干旱时的玉米农田蒸散量，相应的降水量即为干旱降水指标。60%土壤相对湿度对应求得的 ET 代入（3–6）式可得到不同发育阶段的水分适宜度 $S(r)$，当 $S(r)$ 等于1时表明没有发生干旱，而小于1则发生干旱。同理，可以得到中度（$S(r)_{\text{middry}}$ 式（3–12））和重度（$S(r)_{\text{hvydry}}$ 式（3–13））干旱的水分适宜度界限值：

$$S(r)_{\text{middry}}=\left(\frac{0.5w_f-w_c}{w_f-w_c}\times k_c\times ET_0\right)/\left(\frac{0.6w_f-w_c}{w_f-w_c}\times k_c\times ET_0\right)=\frac{0.5w_f-w_c}{0.6w_f-w_c} \tag{3-12}$$

$$S(r)_{\text{hvydry}}=\frac{0.4w_f-w_c}{0.6w_f-w_c} \tag{3-13}$$

由于玉米不同发育阶段根系所处深度不同，不同发育阶段 w_θ 和 w_c 值选择不同土壤深度平均值（播种—出苗取10 cm，出苗—七叶取20 cm，七叶—拔节取20 cm，拔节—抽雄取50 cm，抽雄—乳熟取50 cm，乳熟—成熟取50 cm）。

定义某地某发育阶段水分适宜度为 $S(r)$，当 $S(r)_{\text{middry}}\leqslant S(r)<1$ 时为轻度干旱，当 $S(r)_{\text{hvydry}}\leqslant S(r)<S(r)_{\text{middry}}$ 时为中度干旱，当 $S(r)<S(r)_{\text{hvydry}}$ 时为重度干旱。

3.1.3.2 水分适宜度干旱指标

根据降水量与农田实际蒸散量的盈亏原理，基于水分适宜度模型，分6个发育期并分别建立了轻度、中度、重度干旱监测评价指标（表3–4～表3–6）。

表3–4 轻度干旱水分适宜度指标

站点	轻度干旱水分适宜度 $S(r)_{\text{lowdry}}$					
	播种—出苗	出苗—七叶	七叶—拔节	拔节—抽雄	抽雄—乳熟	乳熟—成熟
彰武	1.00～0.71	1.00～0.69	1.00～0.69	1.00～0.70	1.00～0.70	1.00～0.70
阜蒙	1.00～0.69	1.00～0.66	1.00～0.66	1.00～0.64	1.00～0.64	1.00～0.64
昌图	1.00～0.73	1.00～0.72	1.00～0.72	1.00～0.69	1.00～0.69	1.00～0.69
康平	1.00～0.73	1.00～0.71	1.00～0.71	1.00～0.71	1.00～0.71	1.00～0.71
法库	1.00～0.82	1.00～0.82	1.00～0.82	1.00～0.82	1.00～0.82	1.00～0.82
开原	1.00～0.62	1.00～0.51	1.00～0.51	1.00～0.41	1.00～0.41	1.00～0.41
清原	1.00～0.66	1.00～0.67	1.00～0.67	1.00～0.72	1.00～0.72	1.00～0.72
建平	1.00～0.78	1.00～0.78	1.00～0.78	1.00～0.77	1.00～0.77	1.00～0.77
北票	1.00～0.78	1.00～0.78	1.00～0.78	1.00～0.77	1.00～0.77	1.00～0.77
朝阳	1.00～0.75	1.00～0.74	1.00～0.74	1.00～0.71	1.00～0.71	1.00～0.71
叶柏寿	1.00～0.79	1.00～0.79	1.00～0.79	1.00～0.78	1.00～0.78	1.00～0.78
凌源	1.00～0.72	1.00～0.71	1.00～0.71	1.00～0.72	1.00～0.72	1.00～0.72

续表

站点	轻度干旱水分适宜度 $S(r)_{lowdry}$					
	播种—出苗	出苗—七叶	七叶—拔节	拔节—抽雄	抽雄—乳熟	乳熟—成熟
喀左	1.00 ~ 0.67	1.00 ~ 0.67	1.00 ~ 0.67	1.00 ~ 0.69	1.00 ~ 0.69	1.00 ~ 0.69
北镇	1.00 ~ 0.65	1.00 ~ 0.64	1.00 ~ 0.64	1.00 ~ 0.62	1.00 ~ 0.62	1.00 ~ 0.62
辽中	1.00 ~ 0.65	1.00 ~ 0.69	1.00 ~ 0.69	1.00 ~ 0.71	1.00 ~ 0.71	1.00 ~ 0.71
新民	1.00 ~ 0.82	1.00 ~ 0.82	1.00 ~ 0.82	1.00 ~ 0.82	1.00 ~ 0.82	1.00 ~ 0.82
义县	1.00 ~ 0.70	1.00 ~ 0.70	1.00 ~ 0.70	1.00 ~ 0.70	1.00 ~ 0.70	1.00 ~ 0.70
黑山	1.00 ~ 0.71	1.00 ~ 0.71	1.00 ~ 0.71	1.00 ~ 0.70	1.00 ~ 0.70	1.00 ~ 0.70
台安	1.00 ~ 0.78	1.00 ~ 0.79	1.00 ~ 0.79	1.00 ~ 0.78	1.00 ~ 0.78	1.00 ~ 0.78
锦州	1.00 ~ 0.68	1.00 ~ 0.69	1.00 ~ 0.69	1.00 ~ 0.68	1.00 ~ 0.68	1.00 ~ 0.68
盘山	1.00 ~ 0.60	1.00 ~ 0.44	1.00 ~ 0.44	1.00 ~ 0.47	1.00 ~ 0.47	1.00 ~ 0.47
鞍山	1.00 ~ 0.79	1.00 ~ 0.79	1.00 ~ 0.79	1.00 ~ 0.79	1.00 ~ 0.79	1.00 ~ 0.79
沈阳	1.00 ~ 0.67	1.00 ~ 0.68	1.00 ~ 0.68	1.00 ~ 0.70	1.00 ~ 0.70	1.00 ~ 0.70
本溪	1.00 ~ 0.65	1.00 ~ 0.67	1.00 ~ 0.67	1.00 ~ 0.69	1.00 ~ 0.69	1.00 ~ 0.69
辽阳	1.00 ~ 0.51	1.00 ~ 0.51	1.00 ~ 0.51	1.00 ~ 0.56	1.00 ~ 0.56	1.00 ~ 0.56
本溪县	1.00 ~ 0.65	1.00 ~ 0.67	1.00 ~ 0.67	1.00 ~ 0.69	1.00 ~ 0.69	1.00 ~ 0.69
抚顺	1.00 ~ 0.66	1.00 ~ 0.65	1.00 ~ 0.65	1.00 ~ 0.67	1.00 ~ 0.67	1.00 ~ 0.67
新宾	1.00 ~ 0.61	1.00 ~ 0.60	1.00 ~ 0.60	1.00 ~ 0.63	1.00 ~ 0.63	1.00 ~ 0.63
建昌	1.00 ~ 0.61	1.00 ~ 0.64	1.00 ~ 0.64	1.00 ~ 0.67	1.00 ~ 0.67	1.00 ~ 0.67
葫芦岛	1.00 ~ 0.65	1.00 ~ 0.67	1.00 ~ 0.67	1.00 ~ 0.66	1.00 ~ 0.66	1.00 ~ 0.66
绥中	1.00 ~ 0.68	1.00 ~ 0.66	1.00 ~ 0.66	1.00 ~ 0.65	1.00 ~ 0.65	1.00 ~ 0.65
兴城	1.00 ~ 0.60	1.00 ~ 0.59	1.00 ~ 0.59	1.00 ~ 0.55	1.00 ~ 0.55	1.00 ~ 0.55
大洼	1.00 ~ 0.63	1.00 ~ 0.65	1.00 ~ 0.65	1.00 ~ 0.67	1.00 ~ 0.67	1.00 ~ 0.67
营口	1.00 ~ 0.68	1.00 ~ 0.68	1.00 ~ 0.68	1.00 ~ 0.68	1.00 ~ 0.68	1.00 ~ 0.68
海城	1.00 ~ 0.79	1.00 ~ 0.79	1.00 ~ 0.79	1.00 ~ 0.79	1.00 ~ 0.79	1.00 ~ 0.79
盖州	1.00 ~ 0.74	1.00 ~ 0.74	1.00 ~ 0.74	1.00 ~ 0.73	1.00 ~ 0.73	1.00 ~ 0.73
熊岳	1.00 ~ 0.65	1.00 ~ 0.65	1.00 ~ 0.65	1.00 ~ 0.65	1.00 ~ 0.65	1.00 ~ 0.65
岫岩	1.00 ~ 0.80	1.00 ~ 0.80	1.00 ~ 0.80	1.00 ~ 0.81	1.00 ~ 0.81	1.00 ~ 0.81
宽甸	1.00 ~ 0.78	1.00 ~ 0.77	1.00 ~ 0.77	1.00 ~ 0.77	1.00 ~ 0.77	1.00 ~ 0.77
凤城	1.00 ~ 0.78	1.00 ~ 0.76	1.00 ~ 0.76	1.00 ~ 0.76	1.00 ~ 0.76	1.00 ~ 0.76

续表

站点	轻度干旱水分适宜度 $S(r)_{lowdry}$					
	播种—出苗	出苗—七叶	七叶—拔节	拔节—抽雄	抽雄—乳熟	乳熟—成熟
丹东	1.00 ~ 0.78	1.00 ~ 0.78	1.00 ~ 0.78	1.00 ~ 0.77	1.00 ~ 0.77	1.00 ~ 0.77
瓦房店	1.00 ~ 0.75	1.00 ~ 0.75	1.00 ~ 0.75	1.00 ~ 0.75	1.00 ~ 0.75	1.00 ~ 0.75
金州	1.00 ~ 0.75	1.00 ~ 0.75	1.00 ~ 0.75	1.00 ~ 0.75	1.00 ~ 0.75	1.00 ~ 0.75
普兰店	1.00 ~ 0.76	1.00 ~ 0.77	1.00 ~ 0.77	1.00 ~ 0.75	1.00 ~ 0.75	1.00 ~ 0.75
庄河	1.00 ~ 0.73	1.00 ~ 0.74	1.00 ~ 0.74	1.00 ~ 0.74	1.00 ~ 0.74	1.00 ~ 0.74
东港	1.00 ~ 0.79	1.00 ~ 0.78	1.00 ~ 0.78	1.00 ~ 0.76	1.00 ~ 0.76	1.00 ~ 0.76
旅顺口	1.00 ~ 0.75	1.00 ~ 0.75	1.00 ~ 0.75	1.00 ~ 0.75	1.00 ~ 0.75	1.00 ~ 0.75
大连	1.00 ~ 0.75	1.00 ~ 0.75	1.00 ~ 0.75	1.00 ~ 0.75	1.00 ~ 0.75	1.00 ~ 0.75

表3-5　中度干旱水分适宜度指标

站点	中度干旱水分适宜度 $S(r)_{middry}$					
	播种—出苗	出苗—七叶	七叶—拔节	拔节—抽雄	抽雄—乳熟	乳熟—成熟
彰武	0.71 ~ 0.42	0.69 ~ 0.39	0.69 ~ 0.39	0.70 ~ 0.39	0.70 ~ 0.39	0.70 ~ 0.39
阜蒙	0.69 ~ 0.39	0.66 ~ 0.32	0.66 ~ 0.32	0.64 ~ 0.28	0.64 ~ 0.28	0.64 ~ 0.28
昌图	0.73 ~ 0.45	0.72 ~ 0.43	0.72 ~ 0.43	0.69 ~ 0.38	0.69 ~ 0.38	0.69 ~ 0.38
康平	0.73 ~ 0.47	0.71 ~ 0.43	0.71 ~ 0.43	0.71 ~ 0.41	0.71 ~ 0.41	0.71 ~ 0.41
法库	0.82 ~ 0.63	0.82 ~ 0.32	0.82 ~ 0.32	0.82 ~ 0.51	0.82 ~ 0.51	0.82 ~ 0.51
开原	0.62 ~ 0.24	0.51 ~ 0.14	0.51 ~ 0.14	0.41 ~ 0.07	0.41 ~ 0.07	0.41 ~ 0.07
清原	0.66 ~ 0.32	0.67 ~ 0.33	0.67 ~ 0.33	0.72 ~ 0.44	0.72 ~ 0.44	0.72 ~ 0.44
建平	0.78 ~ 0.56	0.78 ~ 0.56	0.78 ~ 0.56	0.77 ~ 0.55	0.77 ~ 0.55	0.77 ~ 0.55
北票	0.78 ~ 0.56	0.78 ~ 0.55	0.780.55	0.77 ~ 0.54	0.77 ~ 0.54	0.77 ~ 0.54
朝阳	0.75 ~ 0.51	0.74 ~ 0.49	0.74 ~ 0.49	0.71 ~ 0.42	0.71 ~ 0.42	0.71 ~ 0.42
叶柏寿	0.79 ~ 0.58	0.79 ~ 0.58	0.79 ~ 0.58	0.78 ~ 0.55	0.78 ~ 0.55	0.78 ~ 0.55
凌源	0.72 ~ 0.43	0.71 ~ 0.43	0.71 ~ 0.43	0.72 ~ 0.45	0.72 ~ 0.45	0.72 ~ 0.45
喀左	0.67 ~ 0.33	0.67 ~ 0.34	0.67 ~ 0.34	0.69 ~ 0.39	0.69 ~ 0.39	0.69 ~ 0.39
北镇	0.65 ~ 0.29	0.64 ~ 0.27	0.64 ~ 0.27	0.62 ~ 0.24	0.62 ~ 0.24	0.62 ~ 0.24
辽中	0.65 ~ 0.30	0.69 ~ 0.38	0.69 ~ 0.38	0.71 ~ 0.41	0.71 ~ 0.41	0.71 ~ 0.41
新民	0.82 ~ 0.64	0.82 ~ 0.64	0.82 ~ 0.64	0.82 ~ 0.64	0.82 ~ 0.64	0.82 ~ 0.64

续表

站点	中度干旱水分适宜度 $S(r)_{middry}$					
	播种—出苗	出苗—七叶	七叶—拔节	拔节—抽雄	抽雄—乳熟	乳熟—成熟
义县	0.70 ~ 0.40	0.70 ~ 0.40	0.70 ~ 0.40	0.70 ~ 0.40	0.70 ~ 0.40	0.70 ~ 0.40
黑山	0.71 ~ 0.42	0.71 ~ 0.41	0.71 ~ 0.41	0.70 ~ 0.40	0.70 ~ 0.40	0.70 ~ 0.40
台安	0.78 ~ 0.57	0.79 ~ 0.57	0.79 ~ 0.57	0.78 ~ 0.57	0.78 ~ 0.57	0.78 ~ 0.57
锦州	0.68 ~ 0.37	0.69 ~ 0.37	0.69 ~ 0.37	0.68 ~ 0.37	0.68 ~ 0.37	0.68 ~ 0.37
盘山	0.60 ~ 0.19	0.44 ~ 0.12	0.44 ~ 0.12	0.47 ~ 0.14	0.47 ~ 0.14	0.47 ~ 0.14
鞍山	0.79 ~ 0.59	0.79 ~ 0.58	0.79 ~ 0.58	0.79 ~ 0.57	0.79 ~ 0.57	0.79 ~ 0.57
沈阳	0.67 ~ 0.33	0.68 ~ 0.35	0.68 ~ 0.35	0.70 ~ 0.41	0.70 ~ 0.41	0.70 ~ 0.41
本溪	0.65 ~ 0.30	0.67 ~ 0.34	0.67 ~ 0.34	0.69 ~ 0.37	0.69 ~ 0.37	0.69 ~ 0.37
本溪县	0.65 ~ 0.30	0.67 ~ 0.34	0.67 ~ 0.34	0.69 ~ 0.37	0.69 ~ 0.37	0.69 ~ 0.37
抚顺	0.66 ~ 0.32	0.65 ~ 0.30	0.65 ~ 0.30	0.67 ~ 0.34	0.67 ~ 0.34	0.67 ~ 0.34
新宾	0.61 ~ 0.23	0.60 ~ 0.20	0.60 ~ 0.20	0.63 ~ 0.25	0.63 ~ 0.25	0.63 ~ 0.25
建昌	0.61 ~ 0.22	0.64 ~ 0.28	0.64 ~ 0.28	0.67 ~ 0.34	0.67 ~ 0.34	0.67 ~ 0.34
葫芦岛	0.65 ~ 0.31	0.67 ~ 0.34	0.67 ~ 0.34	0.66 ~ 0.32	0.66 ~ 0.32	0.66 ~ 0.32
绥中	0.68 ~ 0.35	0.66 ~ 0.31	0.66 ~ 0.31	0.65 ~ 0.31	0.65 ~ 0.31	0.65 ~ 0.31
兴城	0.60 ~ 0.21	0.59 ~ 0.17	0.59 ~ 0.17	0.55 ~ 0.10	0.55 ~ 0.10	0.55 ~ 0.10
大洼	0.63 ~ 0.25	0.65 ~ 0.12	0.65 ~ 0.12	0.67 ~ 0.27	0.67 ~ 0.27	0.67 ~ 0.27
营口	0.68 ~ 0.36	0.68 ~ 0.35	0.68 ~ 0.35	0.68 ~ 0.36	0.68 ~ 0.36	0.68 ~ 0.36
海城	0.79 ~ 0.59	0.79 ~ 0.58	0.79 ~ 0.58	0.79 ~ 0.57	0.79 ~ 0.57	0.79 ~ 0.57
盖州	0.74 ~ 0.49	0.74 ~ 0.48	0.74 ~ 0.48	0.73 ~ 0.47	0.73 ~ 0.47	0.73 ~ 0.47
熊岳	0.65 ~ 0.31	0.65 ~ 0.30	0.65 ~ 0.30	0.65 ~ 0.30	0.65 ~ 0.30	0.65 ~ 0.30
岫岩	0.80 ~ 0.61	0.80 ~ 0.61	0.80 ~ 0.61	0.81 ~ 0.61	0.81 ~ 0.61	0.81 ~ 0.61
宽甸	0.78 ~ 0.55	0.77 ~ 0.54	0.77 ~ 0.54	0.77 ~ 0.53	0.77 ~ 0.53	0.77 ~ 0.53
凤城	0.78 ~ 0.55	0.76 ~ 0.28	0.76 ~ 0.28	0.76 ~ 0.43	0.76 ~ 0.43	0.76 ~ 0.43
丹东	0.78 ~ 0.56	0.78 ~ 0.55	0.78 ~ 0.55	0.77 ~ 0.54	0.77 ~ 0.54	0.77 ~ 0.54
瓦房店	0.75 ~ 0.51	0.75 ~ 0.50	0.75 ~ 0.50	0.75 ~ 0.50	0.75 ~ 0.50	0.75 ~ 0.50
金州	0.75 ~ 0.51	0.75 ~ 0.50	0.75 ~ 0.50	0.75 ~ 0.50	0.75 ~ 0.50	0.75 ~ 0.50
普兰店	0.76 ~ 0.53	0.77 ~ 0.53	0.77 ~ 0.53	0.75 ~ 0.49	0.75 ~ 0.49	0.75 ~ 0.49
庄河	0.73 ~ 0.47	0.74 ~ 0.48	0.74 ~ 0.48	0.74 ~ 0.48	0.74 ~ 0.48	0.74 ~ 0.48

续表

站点	中度干旱水分适宜度 $S(r)_{middry}$					
	播种—出苗	出苗—七叶	七叶—拔节	拔节—抽雄	抽雄—乳熟	乳熟—成熟
东港	0.79～0.58	0.78～0.56	0.78～0.56	0.76～0.52	0.76～0.52	0.76～0.52
旅顺口	0.75～0.51	0.75～0.50	0.75～0.50	0.75～0.50	0.75～0.50	0.75～0.50
大连	0.75～0.51	0.75～0.50	0.75～0.50	0.75～0.50	0.75～0.50	0.75～0.50

表3-6 重度干旱水分适宜度指标

站点	重度干旱水分适宜度 $S(r)_{hvydry}$					
	播种—出苗	出苗—七叶	七叶—拔节	拔节—抽雄	抽雄—乳熟	乳熟—成熟
彰武	<0.42	<0.39	<0.39	<0.39	<0.39	<0.39
阜新县	<0.39	<0.32	<0.32	<0.28	<0.28	<0.28
昌图	<0.45	<0.43	<0.43	<0.38	<0.38	<0.38
康平	<0.47	<0.43	<0.43	<0.41	<0.41	<0.41
法库	<0.63	<0.32	<0.32	<0.51	<0.51	<0.51
开原	<0.24	<0.14	<0.14	<0.07	<0.07	<0.07
清原	<0.32	<0.33	<0.33	<0.44	<0.44	<0.44
建平	<0.56	<0.56	<0.56	<0.55	<0.55	<0.55
北票	<0.56	<0.55	<0.55	<0.54	<0.54	<0.54
朝阳	<0.51	<0.49	<0.49	<0.42	<0.42	<0.42
叶柏寿	<0.58	<0.58	<0.58	<0.55	<0.55	<0.55
凌源	<0.43	<0.43	<0.43	<0.45	<0.45	<0.45
喀左	<0.33	<0.34	<0.34	<0.39	<0.39	<0.39
北镇	<0.29	<0.27	<0.27	<0.24	<0.24	<0.24
辽中	<0.30	<0.38	<0.38	<0.41	<0.41	<0.41
新民	<0.64	<0.64	<0.64	<0.64	<0.64	<0.64
义县	<0.40	<0.40	<0.40	<0.40	<0.40	<0.40
黑山	<0.42	<0.41	<0.41	<0.40	<0.40	<0.40
台安	<0.57	<0.57	<0.57	<0.57	<0.57	<0.57
锦州	<0.37	<0.37	<0.37	<0.37	<0.37	<0.37
盘山	<0.19	<0.12	<0.12	<0.14	<0.14	<0.14

续表

站点	重度干旱水分适宜度 $S(r)_{hvydry}$					
	播种—出苗	出苗—七叶	七叶—拔节	拔节—抽雄	抽雄—乳熟	乳熟—成熟
鞍山	<0.59	<0.58	<0.58	<0.57	<0.57	<0.57
沈阳	<0.33	<0.35	<0.35	<0.41	<0.41	<0.41
本溪	<0.30	<0.34	<0.34	<0.37	<0.37	<0.37
本溪县	<0.30	<0.34	<0.34	<0.37	<0.37	<0.37
抚顺	<0.32	<0.30	<0.30	<0.34	<0.34	<0.34
新宾	<0.23	<0.20	<0.20	<0.25	<0.25	<0.25
建昌	<0.22	<0.28	<0.28	<0.34	<0.34	<0.34
葫芦岛	<0.31	<0.34	<0.34	<0.32	<0.32	<0.32
绥中	<0.35	<0.31	<0.31	<0.31	<0.31	<0.31
兴城	<0.21	<0.17	<0.17	<0.10	<0.10	<0.10
大洼	<0.25	<0.12	<0.12	<0.27	<0.27	<0.27
营口	<0.36	<0.35	<0.35	<0.36	<0.36	<0.36
海城	<0.59	<0.58	<0.58	<0.57	<0.57	<0.57
盖州	<0.49	<0.48	<0.48	<0.47	<0.47	<0.47
熊岳	<0.31	<0.30	<0.30	<0.30	<0.30	<0.30
岫岩	<0.61	<0.61	<0.61	<0.61	<0.61	<0.61
宽甸	<0.55	<0.54	<0.54	<0.53	<0.53	<0.53
凤城	<0.55	<0.28	<0.28	<0.43	<0.43	<0.43
丹东	<0.56	<0.55	<0.55	<0.54	<0.54	<0.54
瓦房店	<0.51	<0.50	<0.50	<0.50	<0.50	<0.50
金州	<0.51	<0.50	<0.50	<0.50	<0.50	<0.50
普兰店	<0.53	<0.53	<0.53	<0.49	<0.49	<0.49
庄河	<0.47	<0.48	<0.48	<0.48	<0.48	<0.48
东港	<0.58	<0.56	<0.56	<0.52	<0.52	<0.52
旅顺口	<0.51	<0.50	<0.50	<0.50	<0.50	<0.50
大连	<0.51	<0.50	<0.50	<0.50	<0.50	<0.50

3.2 低温冷害监测指标

当温度下降到适宜温度下限时，农作物将出现停止生长或发育延迟、甚至死亡的现象，在农业气象上统称为“低温灾害”。在中国农业统计年鉴中，把此类灾害划分为两大类，即低温冷害和霜冻害。低温冷害是指农作物在生长季遭受低于其生长发育所需的环境温度（但仍在0 ℃以上）的侵害，导致农作物减产的自然灾害。霜冻害是在冷暖季节转换交替期间，突发性剧烈降温使土壤表面、植株表面及近地面空气温度降到0 ℃以下，植物原生质受到破坏，导致植株受害或死亡的短时间低温灾害。低温冷冻害在我国的影响范围非常广，尤其是东北和黄、淮海地区。东北地区在1969年、1972年和1976年发生了3次严重的低温冷害，每次均使粮食减产50亿kg以上。

3.2.1 水稻延迟型冷害监测指标

3.2.1.1 技术方法

依据《水稻冷害评估技术规范》（QXT 182—2013），水稻延迟型冷害的监测指标是利用当年5—9月平均气温和的距平值（ ΔT_{5-9} ）的大小来判断，原有指标热量条件区域划分指标，即 $\sum \overline{T}_{5-9}$ 多年平均值只划分到105 ℃，而对辽宁省的热量条件考虑不全面，因此，在原指标基础上，通过一元二次多项式模拟，补充完善了两档指标，监测指标如表3-7。

表3-7 辽宁省不同热量区域的水稻延迟型冷害指标 ℃

$\sum \overline{T}_{5-9}$ 区域	ΔT_{5-9} 轻度冷害指标	ΔT_{5-9} 中度冷害指标	ΔT_{5-9} 重度冷害指标
80	-1.0	-1.5	-2.0
85	-1.1	-1.8	-2.2
90	-1.3	-2.0	-2.6
100	-2.4	-3.0	-3.8
105	-2.8	-3.5	-4.2
110	-3.6	-4.5	-5.1
115	-4.5	-5.3	-5.9
95	-1.7	-2.5	-3.2

轻度延迟型冷害指标模拟模型：

$$y = -0.002\,5x^2 + 0.386\,5x - 15.895 \qquad R^2 = 0.986\,9 \tag{3-14}$$

中度延迟型冷害指标模拟模型：

$$y = -0.001\,6x^2 + 0.210\,1x - 8.261\,4 \qquad R^2 = 0.996\,4 \tag{3-15}$$

重度延迟型冷害指标模拟模型：

$$y = -0.001\,3x^2 + 0.144\,1x - 5.238\,6 \qquad R^2 = 0.99 \tag{3-16}$$

3.2.1.2 水稻延迟型冷害监测指标

表3-7为辽宁省不同热量区域的水稻延迟型冷害指标。

3.2.2 水稻障碍型冷害监测指标

将水稻孕穗期和抽穗开花期两个发育期建立了障碍型冷害等级指标，见表3-8。

表3-8 水稻障碍型冷害等级指标

发育期	致灾因子	致灾等级		
		轻度	中度	重度
孕穗期	日平均气温≤17 ℃	2 d	3~4 d	≥5 d
抽穗开花期	日平均气温≤19 ℃	2 d	3~4 d	≥5 d

3.2.3 玉米延迟型冷害监测指标

3.2.3.1 5—9月平均气温和及其距平指标

根据中国气象局2012年发布的气象行业标准《北方春玉米冷害评估技术规范》中对玉米发生轻度冷害、中度冷害、重度冷害等级指标界定标准（表3-9），选取5—9月平均气温和及其距平为玉米延迟型冷害的监测指标。

表3-9 玉米延迟型冷害等级指标

冷害强度	5—9月逐月平均气温和的多年平均值/℃						单产减产率参考值/（%）
	$\bar{T}\leq 80$	$80<\bar{T}\leq 85$	$85<\bar{T}\leq 90$	$90<\bar{T}\leq 95$	$95<\bar{T}\leq 100$	$100<\bar{T}\leq 105$	
轻度冷害	$-1.4<\Delta T\leq -1.1$	$-1.9<\Delta T\leq -1.4$	$-2.4<\Delta T\leq -1.7$	$-2.9<\Delta T\leq -2.0$	$-3.1<\Delta T\leq -2.2$	$-3.3<\Delta T\leq -2.3$	$5\leq \Delta Y<10$
中度冷害	$-1.7<\Delta T\leq -1.4$	$-2.4<\Delta T\leq -1.9$	$-3.1<\Delta T\leq -2.4$	$-3.7<\Delta T\leq -2.9$	$-4.1<\Delta T\leq -3.1$	$-4.4<\Delta T\leq -3.3$	$10\leq \Delta Y<15$
重度冷害	$\Delta T\leq -1.7$	$\Delta T\leq -2.4$	$\Delta T\leq -3.1$	$\Delta T\leq -3.7$	$\Delta T\leq -4.1$	$\Delta T\leq -4.4$	$\Delta T\geq 15$

3.2.3.2 玉米生长季积温指标

将玉米全生育期≥10 ℃总活动积温较历年平均值少120 ℃的年份定义为一般低温冷害年，比历年平均值少200 ℃的年份定义为严重低温冷害年。

3.2.3.3 热量指数指标

根据玉米在不同时期对热量需求程度的不同，定义了一种热量指数，它的大小直接反映了热量条件对作物生长发育的影响程度。

$$F(T)=\left[(T-T_1)(T_2-T)^B\right]/\left[(T_0-T_1)(T_2-T_0)^B\right] \tag{3-17}$$

$$B=(T_2-T_0)(T_0-T_1) \tag{3-18}$$

式中，T 为某旬的气温；T_0、T_1、T_2 分别为该时段内作物生长发育和产量形成所需的最适温度、下限温度和上限温度，当 $T<T_1$ 时，$F(T)=0$，$F(T)$ 值越小，代表年份越偏冷，反之，代表年份偏暖。辽宁省 $F(T)$ 偏冷年份的指标≤0.836，偏暖年份的指标≥0.891。

3.3 霜冻灾害监测指标

近20年全球气候变暖，可是霜冻害的发生却趋于频繁。黄淮麦区是我国冬小麦霜冻的多发区，历史上发生频率为30%～40%，可是1981—2000年的20年中却发生了9次，其腹地商丘发生频率超过60%，是历史上最频发时期。我国华南地区历史上很少发生霜冻，但是1991，1993，1996，1999 年先后发生大范围严重霜冻害。1999年12月华南地区和西南地区发生历史上罕见的霜冻。研究表明，近47年，初、终霜冻日期及无霜冻期长度的极差和标准差均表现出北方地区比南方地区小，说明无论初、终霜冻日出现时间还是无霜冻期长度年际间变化北方地区均比南方地区稳定。近47年，全国平均终霜冻日期以2.0 d/10年的气候倾向率提早，初霜冻日期以1.3 d/10年的气候倾向率推迟，终霜冻日期提早幅度比初霜冻日期推迟幅度大；无霜冻期以3.4 d/10年的气候倾向率延长。从年代际变化来看，初霜冻日期从20世纪90年代开始明显推迟，终霜冻日期从80年代开始明显提早，无霜冻期也是从80年代开始明显延长。

利用日最低气温建立了玉米、水稻霜冻灾害等级指标，见表3-10。

表3-10 玉米、水稻霜冻灾害等级指标（日最低气温） ℃

作物名称	轻霜冻			中霜冻			重霜冻		
	苗期	开花期	乳熟期	苗期	开花期	乳熟期	苗期	开花期	乳熟期
玉米	-1.0～-2.0	0.0～-1.0	-1.0～-2.0	-2.0～-3.0	-1.0～-2.0	-2.0～-3.0	-3.0～-4.5	-2.0～-3.0	-3.0～-4.0
水稻	0.0～-0.5	0.0～-0.5	0.0～-0.5	-0.5～-1.0	-0.5～-1.0	-0.5～-1.0	-1.0～-2.0	-1.0～-2.0	-1.0～-2.0

主要农业气象灾害发生规律

厘清和掌握某地农业气象灾害发生规律是开展灾害监测、诊断和预警的基础性工作，灾害规律模糊不清，其他工作就不能做到有的放矢。根据主要农业气象灾害监测、评估及预警指标，判识历年水稻、玉米不同生育期及春、夏、秋季和年度的主要农业气象灾害发生程度，分析不同等级农业干旱、低温冷害、霜冻灾害发生规律和特征，揭示重大农业气象灾害形成的原因和致灾机制。

4.1 干旱灾害发生规律

考虑玉米生长发育的需水量和水分补充量的亏缺程度，利用水分亏缺指数，考虑到水分亏缺的累计效应及对后期作物生长发育的影响，从某生育阶段开始的那天算起，向作物生长前期推50 d，每10 d为一个时间单位计算水分亏缺指数，则该生育阶段某一天的水分亏缺指数计算方法见式（3-3）、式（3-4）、式（3-5）。

干旱发生频率f表示为某站统计总年份内（N）干旱事件重复发生年的次数（n），计算式如下：

$$f=\frac{n}{N} \tag{4-1}$$

4.1.1 不同发育期干旱频率空间分布特征

玉米苗期（a）、拔节—孕穗期（b）、抽雄—吐丝期（c）和灌浆—成熟期（d）干旱频率分布如图4-1所示。4个发育阶段干旱频率都呈东北向西南逐渐增加趋势，辽宁西部和南部发生干旱频率较高，是干旱的主发区，干旱频率苗期＞灌浆—成熟期＞拔节—孕穗期＞抽雄—吐丝期。

苗期（5月中旬至6月中旬）干旱频率较高，各地变化为6%～77%，平均为53%。辽西和辽南地区干旱频率为60%～77%，其中朝阳东部阜新大部和营口南部地区干旱频率在70%以上。拔节—孕穗期（6月下旬至7月上中旬）干旱频率明显低于苗期干旱频率，各地都在58%以下，辽宁西部、南部及中部的部分地区干旱频率为30%～58%。抽雄—吐丝期（7月中下旬到8月上旬）干旱频率小于拔节—孕穗期干旱频率，在40%以下，大部地区在20%以下。灌浆—成熟期（8月中旬到9月末）干旱频率与拔节孕穗期干旱频率相

当，大部地区为30%～48%。

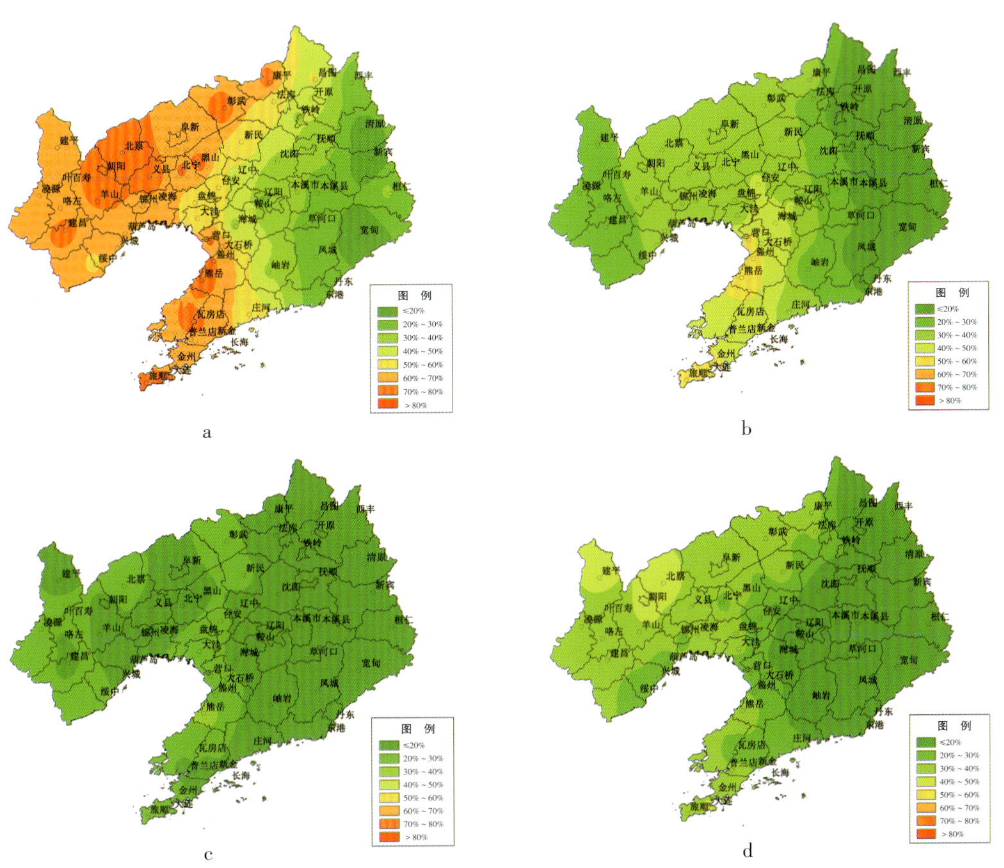

图4-1 辽宁玉米4个发育阶段干旱频率空间分布

4.1.2 不同等级干旱频率空间分布特征

4.1.2.1 轻度干旱

玉米4个生育阶段轻度干旱发生频率由大到小分别为苗期＞拔节—孕穗期＞灌浆—成熟期＞抽雄—开花期，空间分布呈西部向东部逐渐减小的趋势，其中苗期轻度干旱发生频率都在5%以上，大于30%的发生频率主要分布在辽西、辽北大部和中部的部分地区；拔节—孕穗期轻度干旱大于20%的发生频率主要分布在辽西大部、辽北西部中部大部和辽南地区；抽穗—开花期的轻度干旱发生频率都在20%以下，辽东地区小于5%；灌浆—成熟期轻度干旱频率大于20%的发生频率分布在辽西和辽南地区（图4-2）。

4.1.2.2 中度干旱

玉米4个生育阶段中度干旱发生频率由大到小分别为苗期＞灌浆—成熟期＞拔节—孕穗期＞抽雄—吐丝期，发生频率的空间分布呈西部向东部逐渐减小的趋势，其中苗期中度干旱发生频率大于20%的地区主要分布在辽西东北部地区；拔节—孕穗期中旱发生频率都在20%以下，抽穗—开花期的中度干旱发生频率都在10%以下，抽穗—开花期大于5%的发生频率范围明显小于拔节孕穗期，说明抽雄—开花期中度干旱发生频次小于拔节—孕穗

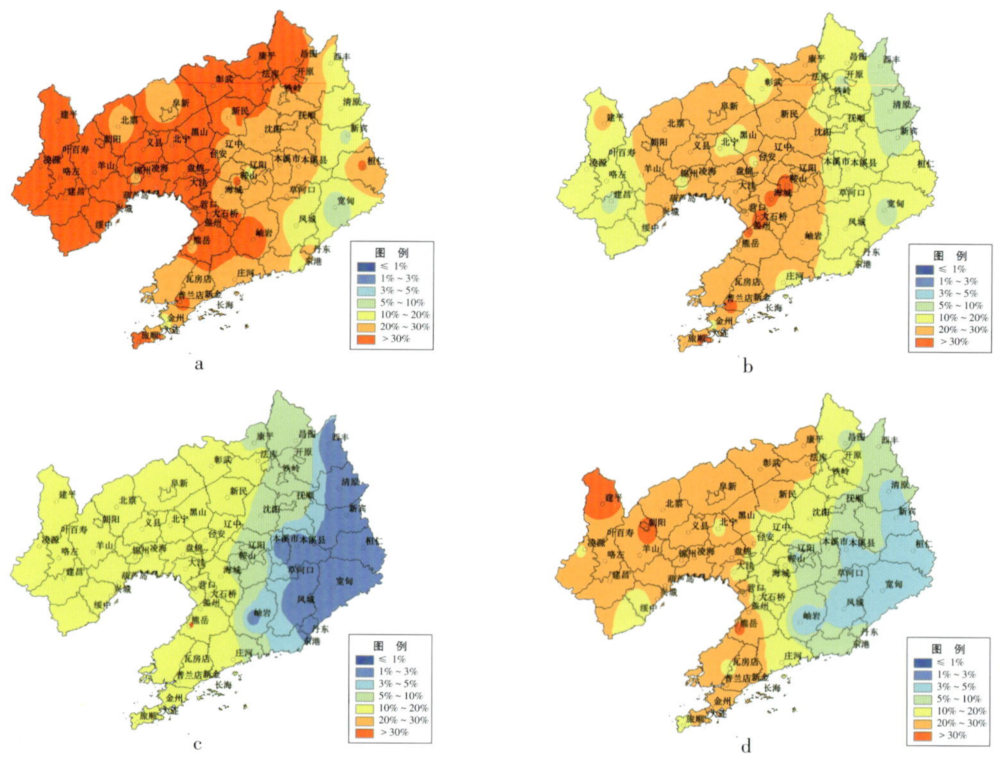

图4-2　辽宁玉米4个发育阶段轻度干旱发生频率

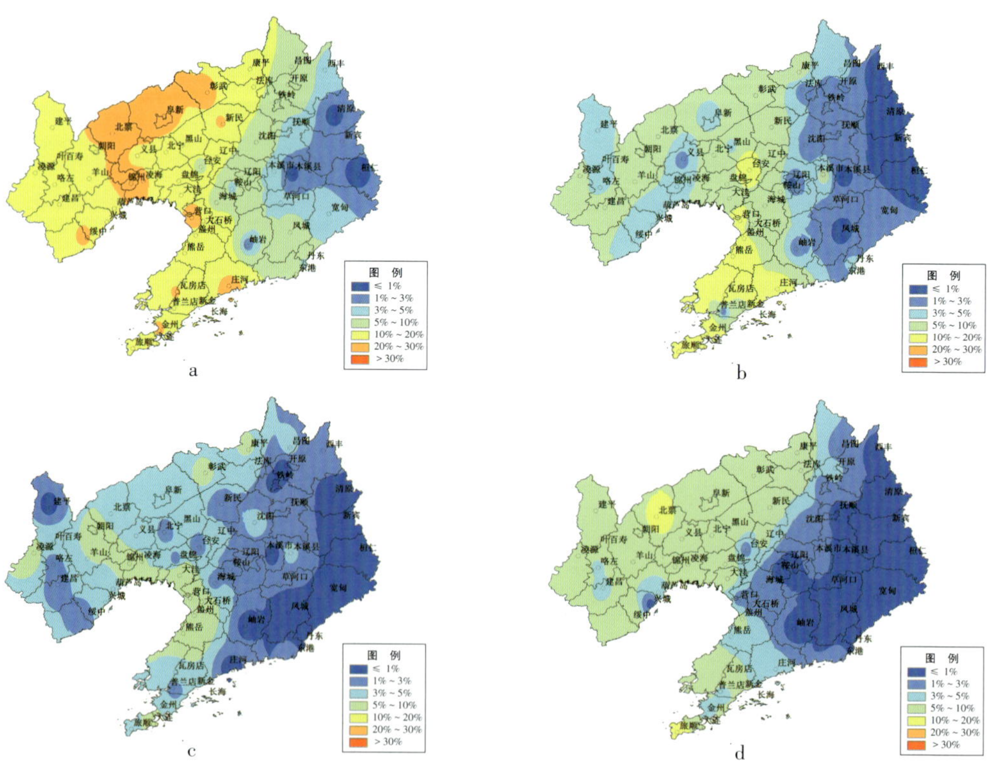

图4-3　辽宁玉米4个发育阶段中度干旱发生频率

期；灌浆成熟期中度干旱发生频率都在20%以下，辽东地区中度干旱频率小于3%（图4-3）。

4.1.2.3 重度干旱

玉米4个发育阶段重度干旱发生频率都在20%以下，由大到小分别为苗期 > 灌浆—成熟期 > 拔节—孕穗期 > 抽雄—开花期，呈西部向东部逐渐减小的趋势，其中苗期重度干旱发生频率大于10%的地区主要分布在辽西和辽南地区；拔节—孕穗期重度干旱发生频率都在10%以下；抽穗—开花期重度干旱发生频率在3%以下；灌浆—成熟期重度干旱发生频率小于5%，大于3%的地区主要分布在辽西中部和辽南南部地区（图4-4）。

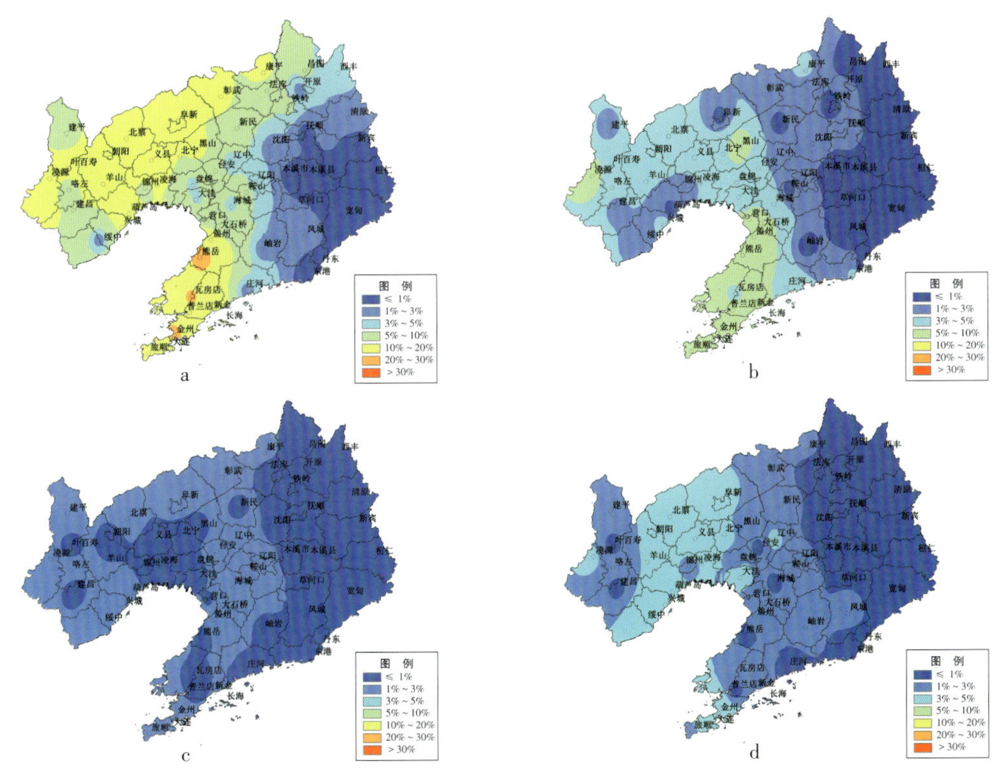

图4-4 辽宁玉米4个发育阶段重度干旱发生频率

4.1.3 干旱频率的年代际变化特征

按玉米苗期、拔节—孕穗期和抽雄—吐丝期分别计算了辽宁省各年的50 d累计水分亏缺指数的平均值。

在20世纪60年代初至70年代初，玉米苗期50 d累计水分亏缺指数值下降明显，干旱有减轻的趋势；80年代维持在一个水平呈略下降的趋势；90年代初又开始上升；2001—2008年上升趋势明显，干旱呈明显加重趋势。1961、1965、1972、1994、1997、1999、2001、2004年水分亏缺指数高，也是苗期干旱比较严重的年份。

在20世纪60年代初到70年代末玉米拔节—孕穗期50 d累计水分亏缺指数值呈下降趋势，干旱缓和；80年代初呈上升趋势，干旱加重，然后又下降；到1990年达到一个低点，然后转为上升趋势；1999—2004年维持在一个较高的水平。1972、1982、1997、2000年水分亏缺指数高，正是夏旱比较严重的年份。

玉米抽雄—吐丝期水分亏缺指数值呈波动性变化，20世纪60—80年代变化趋势不明显，从80年代初期开始，呈上升趋势，然后再下降；90年代后期开始上升趋势明显，干旱加重趋势明显；1972、1982、1997、1999、2000年水分亏缺指数高，正是辽宁省抽雄—开花期干旱比较严重的年份。

通过水分亏缺指数的分析，可见辽宁省从20世纪90年代初期干旱呈增加的趋势，90年代中期以后干旱增加趋势明显，特别是2000—2004年维持在一个较高的水平（图4-5）。

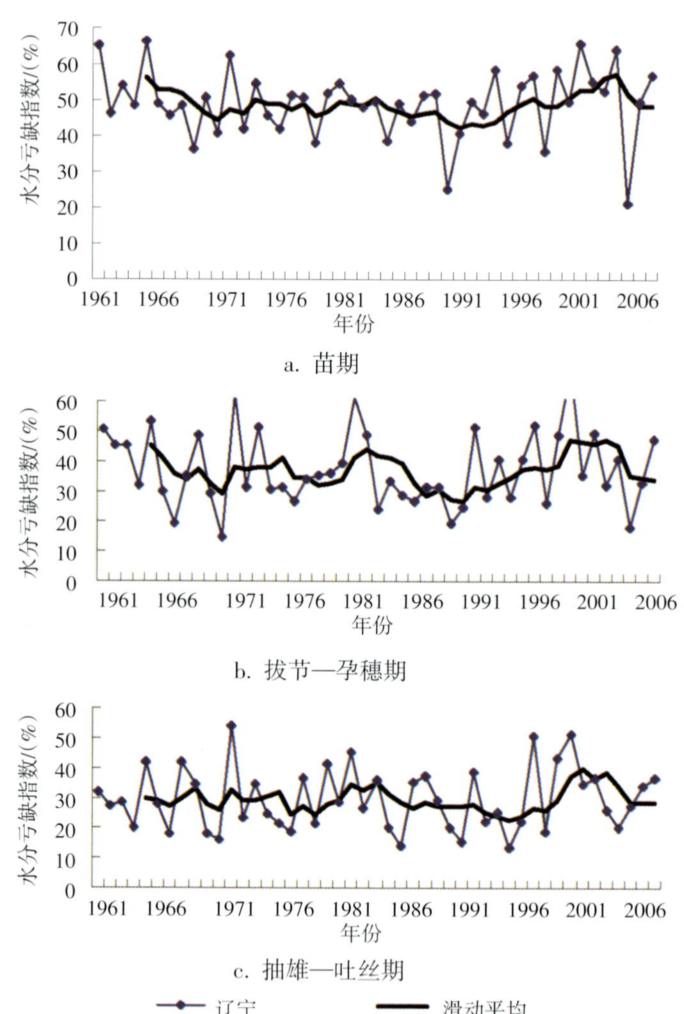

图4-5 1961—2008年辽宁省玉米不同发育阶段水分亏缺指数5年滑动平均

4.1.4 不同等级干旱频率年代际变化特征

辽宁省玉米4个发育阶段不同年代干旱的发生频率，从玉米各个生育阶段看，发生轻、中、重度干旱的频率趋势相同，都是苗期＞拔节—孕穗期＞灌浆—成熟期＞抽雄—开花期，该分布格局与降水量的年内分配正好相反。

总的干旱及轻度、中度、重度干旱频率年代际间的变化情况见表4-1。

表4-1 不同类型干旱频率的年代际变化

	轻度干旱	中度干旱	重度干旱	总的干旱
苗期	90年代>70年代>80年代>60年代>2001—2008年	90年代=2001—2008年>60年代>80年代>70年代	2001—2008年>60年代>70年代>80年代>90年代	2001—2008年>60年代>90年代>70年代>80年代
拔节—孕穗期	90年代>60年代>2001—2008年>70年代>80年代	60年代>80年代=90年代>70年代=2001—2008年	90年代>70年代>60年代=80年代>2001—2008年	90年代>60年代>2001—2008年>70年代>80年代
抽雄—吐丝期	90年代>80年代>60年代=70年代=2001—2008年	70年代>90年代>80年代>60年代>2001—2008年	70年代>90年代>80年代>60年代>2001—2008年	90年代>70年代>80年代>60年代>2001—2008年
灌浆—成熟期	2001—2008年>90年代>60年代>80年代>70年代	2001—2008年>80年代>60年代>90年代>70年代	80年代=2001—2008年>90年代>70年代>60年代	2001—2008年>90年代>80年代>60年代>70年代

2001—2008年苗期的干旱频率较高，以中度和重度干旱为主要发生类型；20世纪90年代拔节—孕穗期的干旱频率较高，以轻度和重度干旱为主要发生类型；抽雄—开花期干旱以90年代的发生频率较高，以轻度干旱为主要发生类型；灌浆—成熟期轻度、中度干旱频率都以2001—2008年高（图4-6）。由此可见，近年来干旱发生频率呈增高的趋势，特别是玉米产量形成关键期的干旱频率呈增加的趋势，对玉米生产发展形势不利。

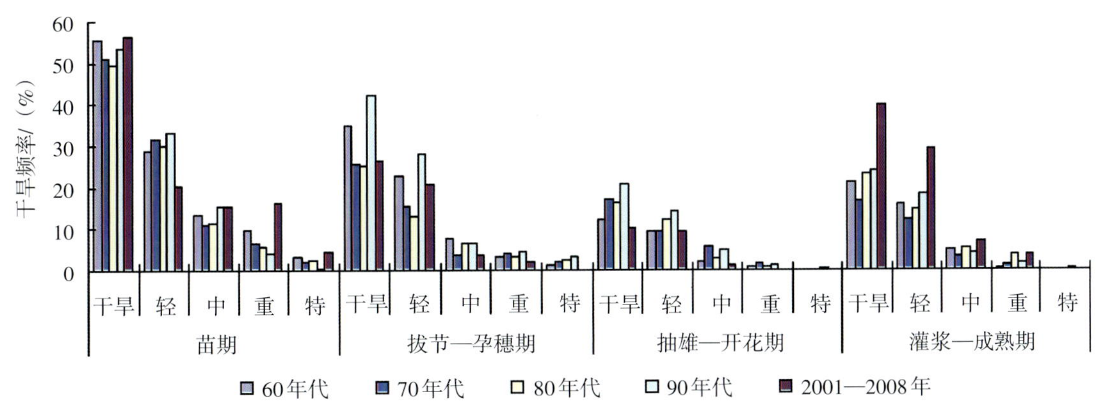

图4-6 辽宁地区玉米干旱频率年代际变化

4.2　低温冷害发生规律

4.2.1　水稻低温冷害发生规律

利用1961—2010年水稻单产，5—9月平均气温和及距平值，7月中下旬至8月上中旬日均温低于19 ℃日数，历史典型低温冷害年，地理信息等数据，应用2次多项式进行辽宁省水稻产量分离。利用数理统计和GIS技术方法分析5—9月平均气温和年代际变化，IOC方法分析水稻延迟型冷害等。

4.2.1.1　辽宁水稻生产概况

常年全省水稻种植面积约950万亩，总产量46.5亿kg左右，主产区主要分布在辽河平原及丹东地区，以粳稻为主（图4-7）。

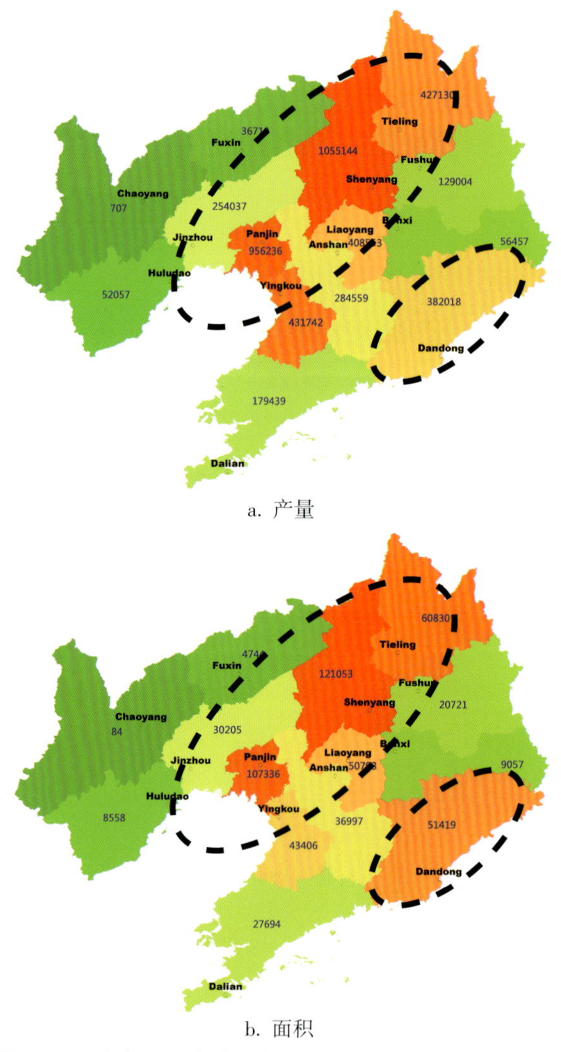

a. 产量

b. 面积

图4-7　辽宁省2012年水稻产量（t）、种植面积（hm²）分布

4.2.1.2 水稻单产产量分离方法

利用5点滑动平均、滑动直线平均（步长11）和二次多项式法对辽宁省1961—2010年水稻单产产量进行产量分离，其中二次多项式法效果最好，实际产量与趋势产量的决定系数达到0.87（图4-8、图4-9）。

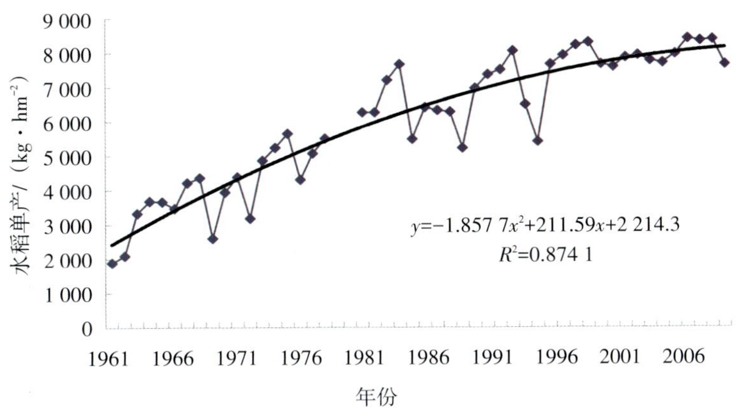

图4-8　辽宁省水稻单产产量分离图

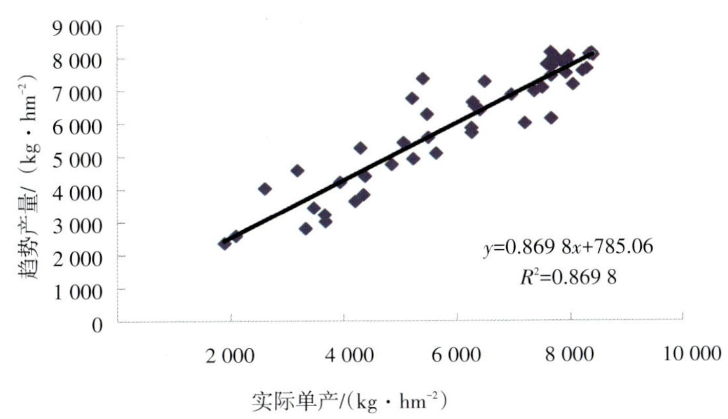

图4-9　辽宁省水稻实际单产和趋势产量拟合

实际产量分离为趋势产量（y_t）和气象波动产量（y_w）两部分。

辽宁水稻产量主要受低温冷害的影响。y_w为正值时表明气象条件对水稻生长有利，水稻增产；产量波动为负值的年份即为减产年，大小为减产率。一般产量波动可以用实际产量y_a偏离趋势产量的百分比表示，计算式（4-2）：

$$y_w^{'} = \left|\frac{y_w}{y_t}\right| \times 100\% = \left|\frac{y_a - y_t}{y_t}\right| \times 100\% \tag{4-2}$$

从50年水稻相对产量的时间变化情况来看，1996年以后，相对气象产量的波动性明显降低且趋于平稳（图4-10）。

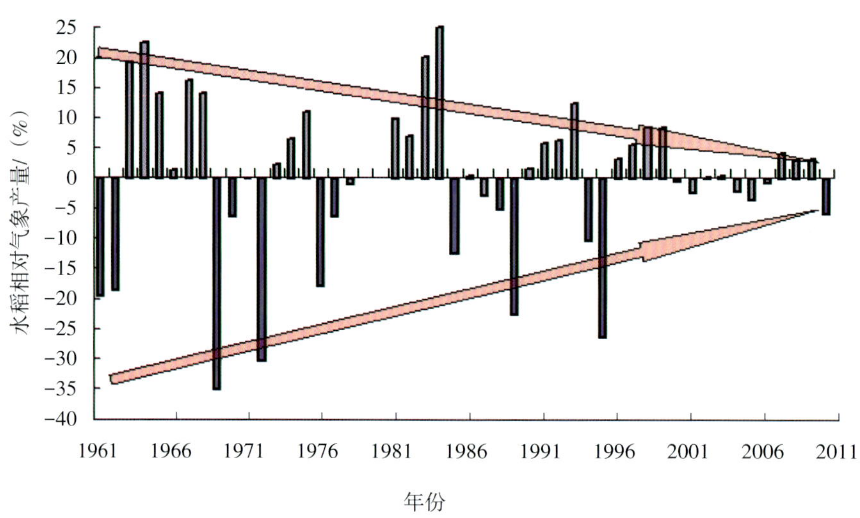

图4-10 近50年辽宁省水稻相对气象产量变化

4.2.1.3 基于减产率的可能低温冷害年判断

基于50年水稻相对气象产量变化，根据水稻冷害等级划分标准，初步从50年中识别出13年可能发生了不同程度的低温冷害，发生频率为27%（表4-2）。

表4-2 基于减产率判识的低温冷害年

	严重减产						
年份	1961	1962	1969	1972	1976	1989	1995
减产率/(%)	19.6	18.8	35.3	30.5	18	22.6	26.4
	中度减产						
年份	1985	1994					
减产率/(%)	12.5	10.5					
	轻度减产						
年份	1970	1977	1988	2010			
减产率/(%)	6.4	6.3	5.3	6.1			

4.2.1.4 5—9月平均气温和的年代际时空变化

不同区域5—9月平均气温和是表征和判识水稻低温冷害的一个基础指标，分析其时间、空间变化特征有助于对低温冷害的判断。

5—9月平均气温和年代际变化：全省5—9月平均气温和从20世纪70年代出现一个下降过程，从80年代开始呈现逐年的上升趋势，最低和最高值变化趋势与平均值变化一致。60—70年代热量条件呈变差趋势，1980—2010年热量条件呈稳步增加（表4-3）。

表4-3 5—9月平均气温和年代际变化 ℃

$\sum T_{5-9}$	1961—1970年	1971—1980年	1981—1990年	1991—2000年	2001—2010年
平均	102.2	100.1	101.7	103.9	105.2
最低	91.5	89.0	90.9	92.7	96.3
最高	107.9	106.2	107.7	110.6	113.1

5—9月平均气温和空间变化：利用1961—2010年全省52个台站5—9月平均气温和资料，每隔10年计算各站平均值，基于GIS利用逐步回归方法建立空间小网格插值模型（表4-4），模拟5—9月平均气温和的年代际空间变化。5—9月平均气温和呈辽东、辽西北低，中部、南部高的特点（图4-11）。

表4-4 5—9月平均气温和空间小网格插值模型

年份	模型	R	F
1961—1970	$\sum T_{5-9}=316.721-1.736\lambda-0.016h$	0.826	52.443
1971—1980	$\sum T_{5-9}=297.373-1.593\lambda-0.017h$	0.843	60.213
1981—1990	$\sum T_{5-9}=323.086-1.790\lambda-0.017h$	0.854	65.805
1991—2000	$\sum T_{5-9}=326.841-1.801\lambda-0.019h$	0.869	75.791
2001—2010	$\sum T_{5-9}=310.029-1.656\lambda-0.016h$	0.788	40.017

注：λ为地理经度；h为地理高程。

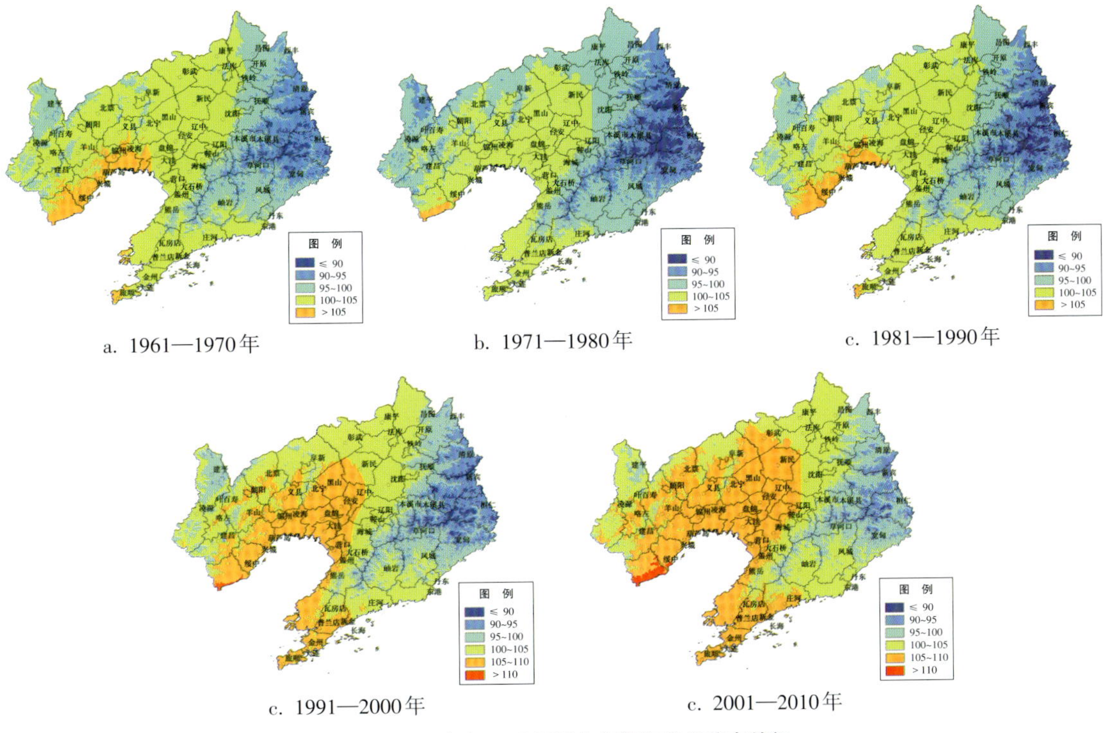

a. 1961—1970年　b. 1971—1980年　c. 1981—1990年　c. 1991—2000年　c. 2001—2010年

图4-11 辽宁省5—9月平均气温和空间分布特征

4.2.1.5　延迟型冷害发生的时间变化特征

根据1961—2010年5—9月辽宁省52个气象站逐日平均气温数据，统计得到各站历年5—9月平均气温和（T_{5-9}）与距平值（ΔT_{5-9}）。分析冷害的时间变化规律时，用某一省份某年出现冷害的站数与该省总站数的比值（IOC）来体现该年全省冷害出现范围的大小。

分析50年来低温冷害出现的IOC指数的时间变化规律，发现辽宁省延迟型冷害以轻—中度冷害为主，但重度冷害发生范围大。1996年以后，辽宁省无延迟型冷害发生（图4-12）。

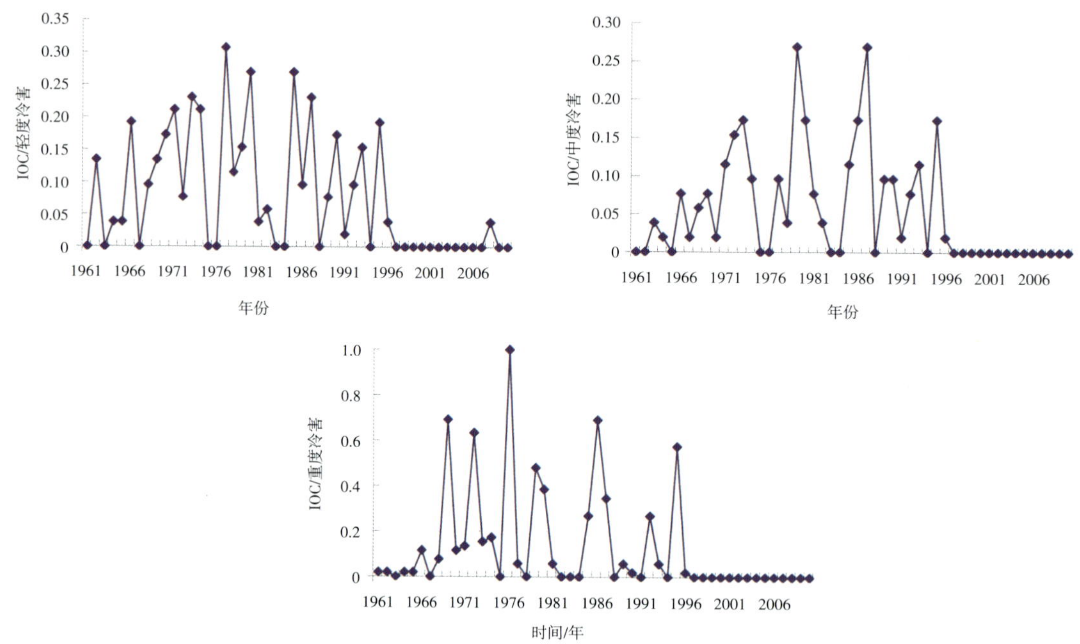

图4-12　辽宁省延迟型冷害年际变化

轻度冷害：20世纪60年代后期开始进入多发阶段，持续到80年代初；80年代中期开始进入一个稳定多发的阶段；从1996年开始低温冷害迅速减少。

中度冷害：20世纪60年代呈下降趋势；1960年年底至80年代中期进入了一个起伏增加的阶段；80年代中期至90年代中期稳定多发；从1996年开始冷害发生概率迅速下降。

重度冷害：20世纪60年代呈下降趋势；1969年开始至1995年波动上升；从1996年起迅速减少（图4-13）。

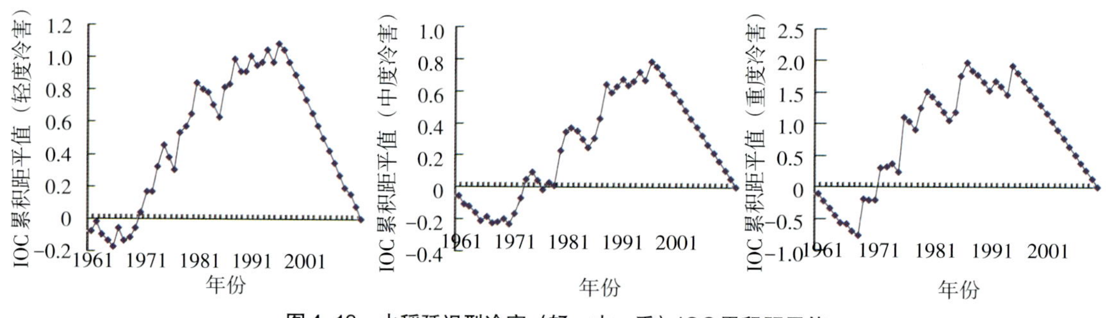

图4-13　水稻延迟型冷害（轻、中、重）IOC累积距平值

4.2.1.6 延迟型冷害发生的空间变化特征

分析冷害的空间分布时，用某一时段出现冷害的年数与该时段的总年数的比值来表示某一站点该时段冷害出现的频率。总体来看，轻度、中度延迟型冷害并未呈区域集中发生，呈散发态势；重度延迟型冷害辽宁东部和西部发生频率更大一些，中部和南部发生频率偏小（图4-14～图4-16）。

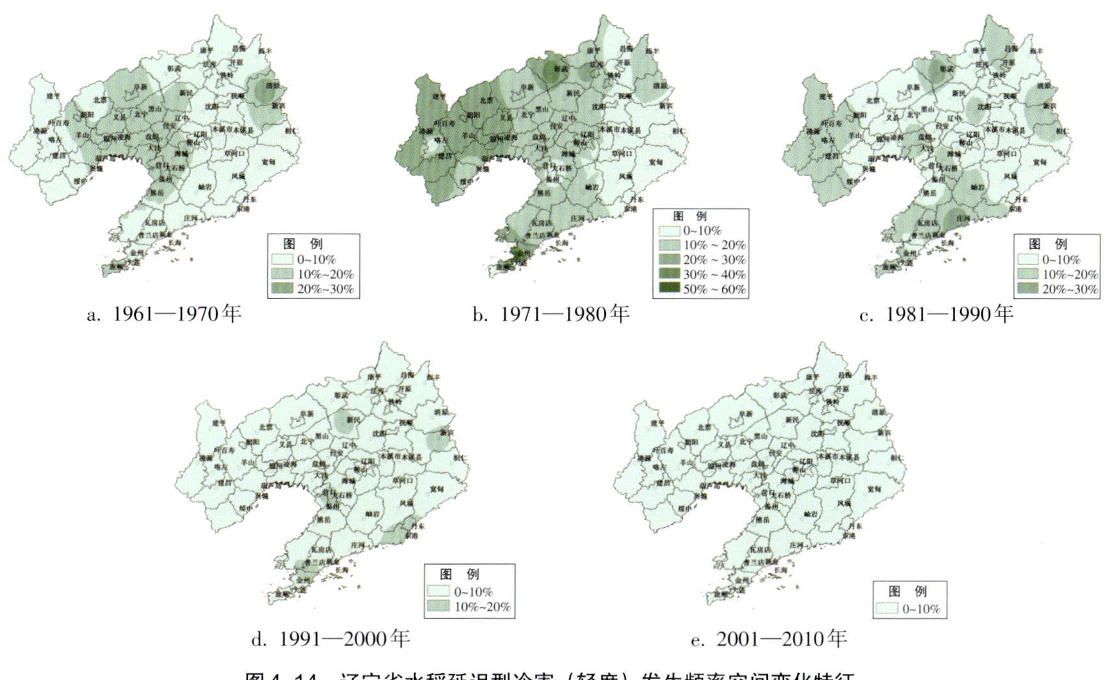

a. 1961—1970年　b. 1971—1980年　c. 1981—1990年

d. 1991—2000年　e. 2001—2010年

图4-14　辽宁省水稻延迟型冷害（轻度）发生频率空间变化特征

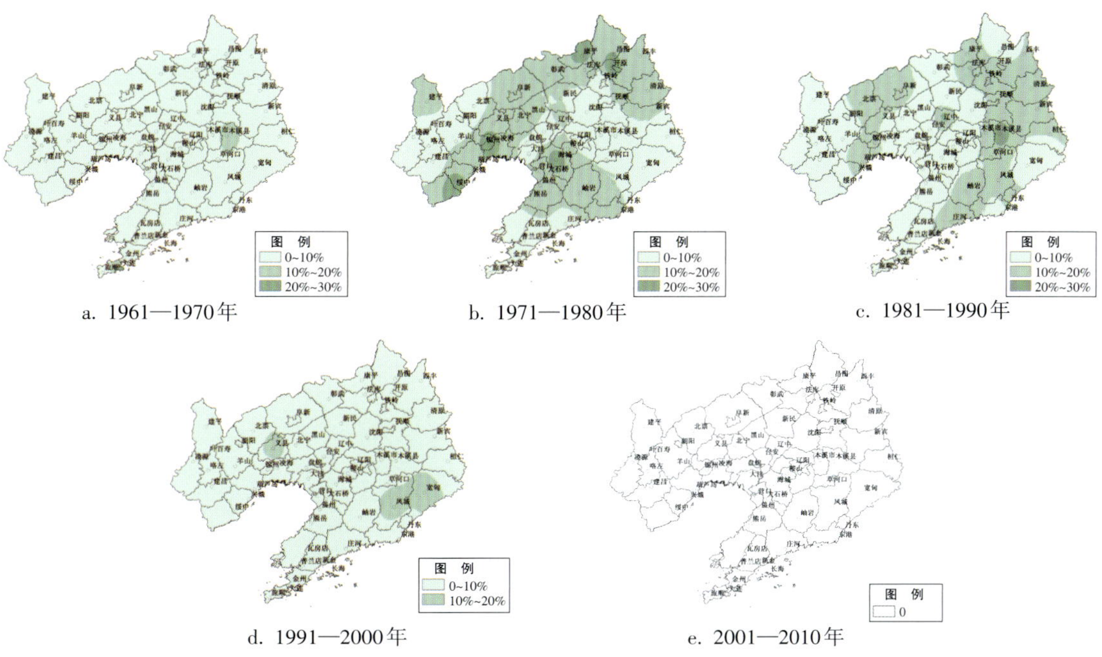

a. 1961—1970年　b. 1971—1980年　c. 1981—1990年

d. 1991—2000年　e. 2001—2010年

图4-15　辽宁省水稻延迟型冷害（中度）发生频率空间变化特征

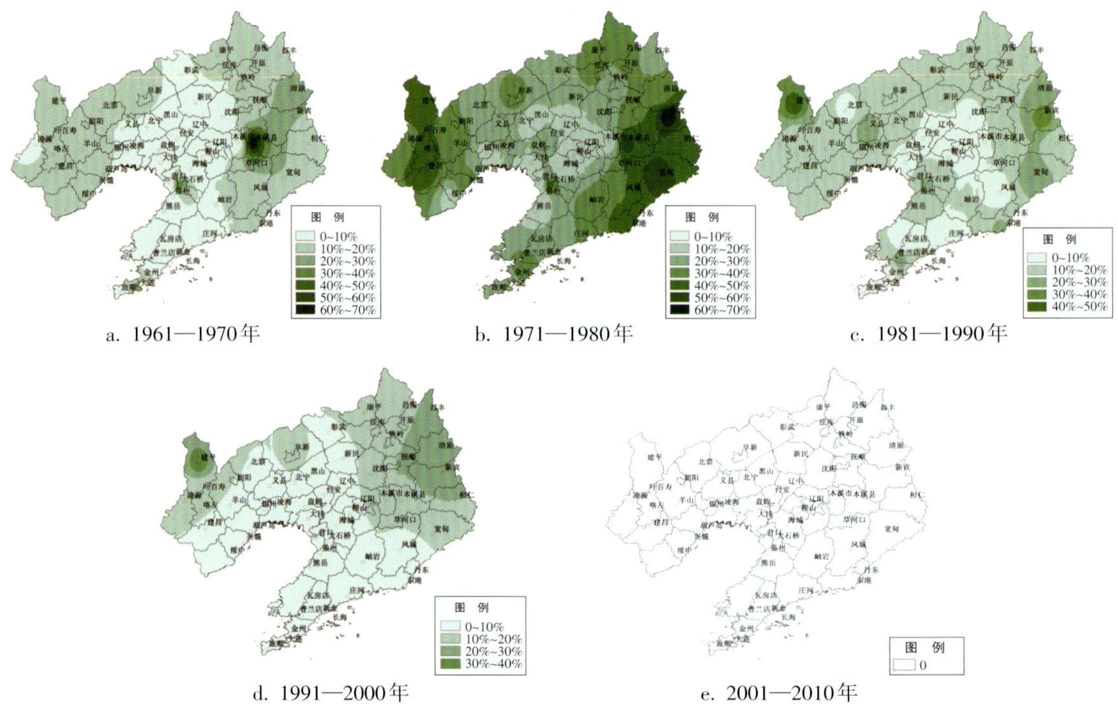

a. 1961—1970年　　b. 1971—1980年　　c. 1981—1990年

d. 1991—2000年　　e. 2001—2010年

图4-16　辽宁省水稻延迟型冷害（重度）发生频率空间变化特征

4.2.1.7　障碍型冷害发生的空间变化特征

依据水稻障碍型冷害等级标准，分孕穗期（7月中下旬）和抽穗—开花期（8月上中旬）两个时段分析了辽宁省水稻障碍型冷害发生规律。总体看，障碍型冷害在辽宁省发生概率较低。水稻孕穗期几乎未发生过障碍型冷害；抽穗—开花期障碍型冷害有发生，但危害程度较轻，影响较小（图4-17～图4-19）。

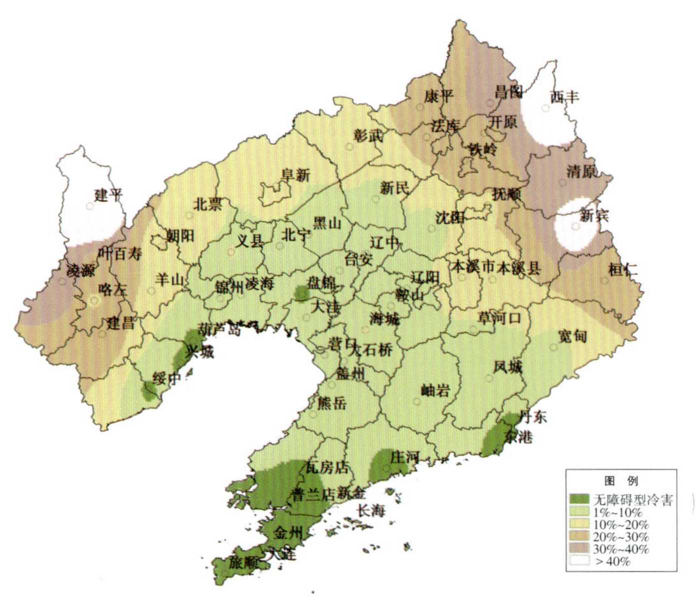

图4-17　辽宁省水稻抽穗—开花期障碍型冷害（轻度）频率空间分布

轻度冷害：辽东北部、辽北大部、辽西西北部地区障碍型冷害发生频率大于20%；辽东南部、辽南北部、中部大部、辽西东南部地区发生频率小于10%；大连、丹东南部、葫芦岛沿海地区无冷害发生，其他地区发生频率为10%～20%。

中度冷害：辽东中北部、辽西西北部地区障碍型冷害发生频率大于10%；辽南、中部大部、辽西走廊地区无发生；其他地区发生频率为1%～10%。

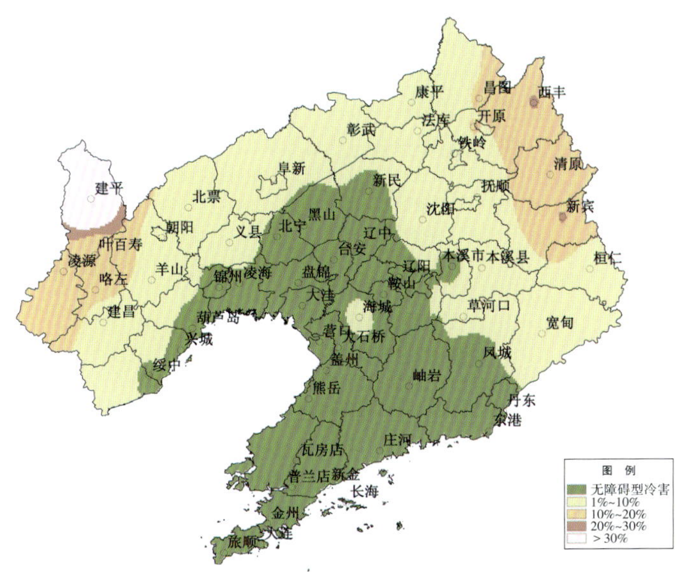

图4-18 辽宁省水稻抽穗—开花期障碍型冷害（中度）频率空间分布

重度冷害：辽东、辽北、辽西中西部地区障碍型冷害发生频率为1%～10%；其他地区无发生。

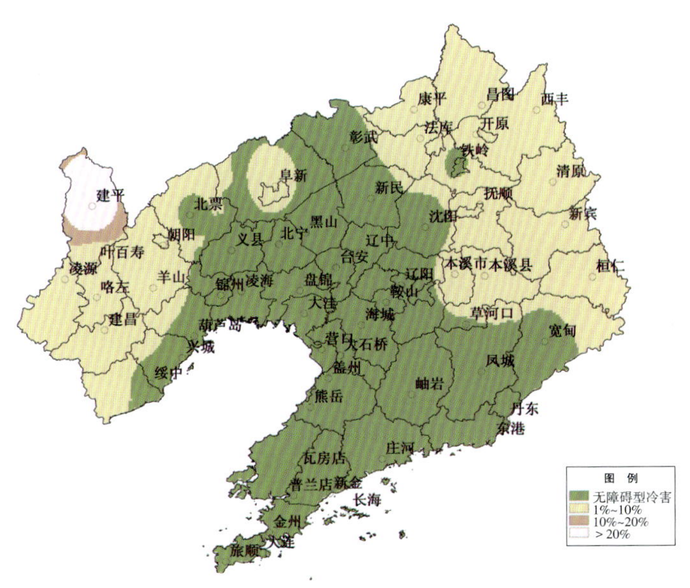

图4-19 辽宁省水稻抽穗—开花期障碍型冷害（重度）频率空间分布

4.2.2 玉米低温冷害发生规律

根据历史灾害大典及调查分析，辽宁省玉米低温冷害以延迟型冷害为主（表4-5、表4-6）。根据各站点玉米延迟型冷害发生频率和出现时间，分析玉米低温冷害的时空变化规律。

表4-5 玉米延迟型严重冷害发生规律

玉米延迟型严重冷害发生特点	发生地区	发生年份
喀左、建昌、清原、本溪县发生频率大于10%	喀左	1969，1976，1974，1976，1979，1995
	建昌	1969，1973，1976，1979，1985，1995
	清原	1969，1972，1976，1992，1995
	本溪县	1966，1969，1972，1976，1986
辽西大部及辽南发生频率低于5%	建平	1976，1979
	叶柏寿	1976，1995
	新民	1972，1976
	锦州	1969，1976
	法库	1972，1976
	辽阳	1976，1986
	桓仁	1969，1976
	绥中	1976，1985
	大洼	1972，1976
	海城	1976，1986
	盖州	1976，1986
	大石桥	1976，1986
	普兰店	1976，1980
	庄河	1976，1980
	旅顺口	1976，1985
其他大部地区为5%~10%	铁岭	1972，1976，1986，1995
	西丰	1969，1972，1976，1992
	开原	1969，1972，1976
	昌图	1972，1976，1986
	康平	1969，1972，1976
	凌源	1976，1979，1995

续表

玉米延迟型严重冷害发生特点	发生地区	发生年份
其他大部地区为5%～10%	鞍山	1972，1976，1986
	沈阳	1972，1976，1992
	本溪	1976，1986，1995
	抚顺	1972，1976，1986
	新宾	1969，1972，1976，1992
	葫芦岛	1969，1976，1985
	岫岩	1969，1972，1976，1980
	宽甸	1969，1972，1976，1980
	凤城	1972，1976，1980
	丹东	1969，1972，1976，1980
	东港	1969，1972，1976，1980
	大连	1966，1976，1980，1985

表4-6 玉米延迟型一般冷害发生规律

玉米延迟型一般冷害发生特点	发生地区	发生年份
朝阳东部、阜新东部、葫芦岛局部、大连局部发生频率高于20%	北票	1969，1973，1974，1978，1979，1985，1986，1995，2008
	朝阳	1969，1970，1972，1973，1974，1979，1985，1986，1995
	阜蒙	1966，1969，1972，1973，1974，1979，1986，1992，1995
	鞍山	1966，1968，1969，1971，1973，1974，1979，1980，1995
	兴城	1969，1972，1977，1979，1980，1985，1986，1987，1995
	大连	1962，1963，1964，1968，1969，1970，1972，1973，1974，1977，1986，1987
辽东南部、铁岭局部、辽西西部低于10%	庄河	1969，1972，1987，1990
	凤城	1969，1971，1979，1981
	丹东	1979，1981，1986，1987
	铁岭	1969，1992

续表

玉米延迟型一般冷害发生特点	发生地区	发生年份
辽东南部、铁岭局部、辽西西部低于10%	岫岩	1979，1987，1995
	建昌	1970，1974，1977，1986
	本溪	1987，1992
	辽阳	1972，1987，1992，1995
	开原	1979，1986，1992，1995
	凌源	1973，1974，1985，1986
	喀左	1970，1977，1985，1986
其他地区为10%～20%	法库	1969，1979，1980，1986，1987，1992，1995
	叶柏寿	1969，1970，1973，1974，1979，1985，1986
	北镇	1969，1972，1979，1985，1986，1987，1995
	沈阳	1966，1969，1979，1986，1989，1990，1995
	本溪县	1961，1962，1964，1968，1971，1980，1992，1995
	义县	1969，1972，1980，1985，1986，1987，1990，1995
	昌图	1969，1979，1980，1987，1992，1995
	康平	1966，1971，1986，1987，1995
	彰武	1969，1972，1979，1986，1987，1995
	西丰	1979，1986，1987，1989，1995
	清原	1966，1968，1971，1979，1986，1987
	建平	1969，1973，1974，1986，1992，1995
	辽中	1969，1972，1979，1986，1995
	新民	1968，1969，1979，1986，1987
	黑山	1972，1979，1986，1987，1995
	台安	1972，1979，1980，1986，1987
	锦州	1973，1980，1985，1986，1987，1995
	盘山	1969，1972，1979，1980，1986，1987
	抚顺	1969，1979，1980，1987，1992，1995
	新宾	1971，1974，1979，1980，1986，1987，1995
	桓仁	1972，1979，1980，1981，1986，1992，1995

续表

玉米延迟型一般冷害发生特点	发生地区	发生年份
其他地区为10%～20%	葫芦岛	1972，1973，1979，1980，1986，1987，1995
	绥中	1969，1970，1972，1973，1980，1986，1995
	大洼	1966，1969，1979，1980，1986，1987
	营口	1966，1969，1972，1979，1980，1986，1995
	海城	1969，1972，1979，1980，1995
	盖州	1966，1972，1973，1980，1995
	大石桥	1966，1969，1970，1972，1979，1980，1995
	熊岳	1969，1972，1979，1980，1985，1986，1995
	宽甸	1968，197，1974，1979，1981，1986，1995
	瓦房店	1972，1979，1980，1985，1986，1993，1995，2008
	普兰店	1972，1979，1985，1986，1987
	东港	1971，1979，1981，1987，1993
	旅顺口	1970，1972，1980，1987，1990

玉米延迟型一般冷害发生特点：朝阳东部、阜新东部、葫芦岛局部、大连局部发生频率高于20%，辽东南部、铁岭局部、辽西西部低于10%，其他地区为10%～20%。

玉米延迟型严重冷害发生特点：喀左、建昌、清原、本溪县发生频率大于10%，辽西大部及辽南发生频率低于5%，其他大部地区为5%～10%。

图4-20为辽宁省玉米低温冷害发生频率空间分布。

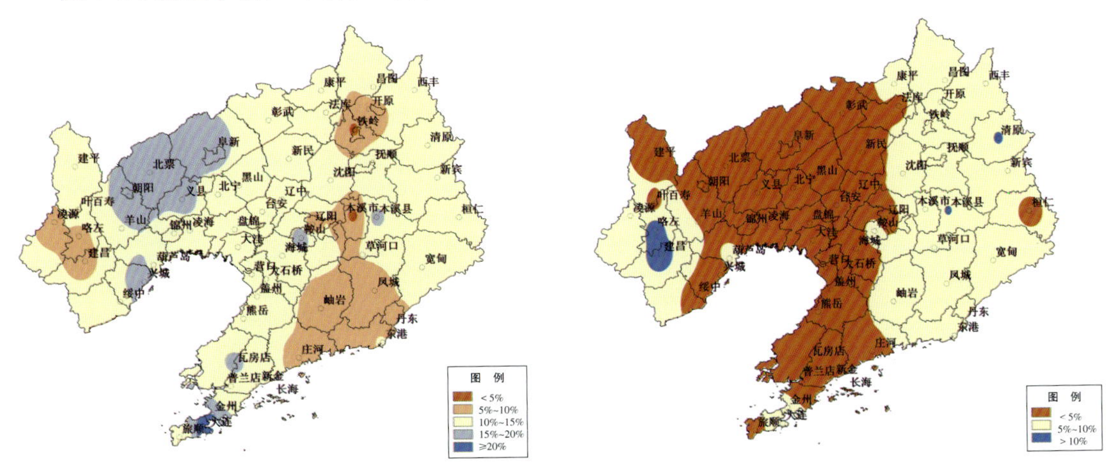

a. 延迟型一般冷害发生频率空间分布　　b. 延迟型严重冷害发生频率空间分布

图4-20 辽宁省玉米低温冷害发生频率空间分布

4.3 霜冻灾害发生规律

霜冻能够成为灾害，从农业角度来讲，主要是指其出现在作物生长时期，对作物生长和籽粒灌浆造成了危害，霜冻出现得越早，造成的危害就会越大。从危害程度来看，霜冻出现的时间不同、程度不同，对作物影响也不同。霜冻出现时间晚于作物成熟时间，则对产量不造成影响。霜冻出现在作物灌浆成熟期间，那么，轻霜冻对农作物影响较小，温度回升后作物可继续生长、灌浆成熟；当出现中等强度霜冻时，农作物将受到不同程度的影响，霜冻持续时间长，农作物将被冻死，霜冻维持时间短，农作物还可继续生长；当出现强霜冻时，农作物将停止生长，可造成很大损失。

4.3.1 初霜冻分析指标

霜冻的形成与温度的关系最密切，对于温度指标，根据辽宁地区的实际情况，结合已有的研究成果，参照马树庆等编制的《作物霜冻害等级》气象行业标准，考虑初霜冻的危害程度，在玉米、水稻作物中以最易受害的作物为基准，经查，水稻在乳熟期受害的下限温度为日最低气温0 ℃，因此本部分以日最低气温≤0 ℃为指标，在9月内出现日最低气温≤0 ℃的过程，确定为发生一次霜冻。

4.3.2 初霜冻发生年代际变化规律

1961—2010年的50年，辽宁初霜冻呈现少发趋势，特别是1991年以后，初霜冻发生的频次和站次明显减少。20世纪60年代全省发生初霜冻77站次，IOC（灾害发生台站占统计总台站数的百分比）达到44.2%。70年代全省初霜冻有一个弱的减少趋势，初霜冻发生59站次，IOC下降为36.5%。80年代全省初霜冻发生73站次，接近60年代初霜冻发生程度，并且IOC达到46.2%，说明初霜冻出现范围扩大。90年代全省初霜冻发生锐减到18站次，IOC降低到9.6%。00年代全省初霜冻发生26站次，IOC为21.2%（表4-7）。

表4-7 1961—2010年初霜冻时间变化规律

年代	60	70	80	90	00
发生站次	77	59	73	18	26
IOC/（%）	44.2	36.5	46.2	9.6	21.2

4.3.3 初霜冻发生空间分布特征

辽宁省霜冻灾害主要发生区域为辽西北、辽东和辽北地区。20世纪60年代全省有23个台站发生了霜冻灾害，主要分布在辽西北、辽东和辽北地区，辽宁中部、辽西走廊和辽南沿海地区未发生霜冻灾害。70年代全省有19个台站发生了霜冻灾害，主要分布在辽西西部，辽东大部和辽北部分地区，未发生霜冻灾害的区域明显扩大。80年代全省有24个台站发生了霜冻灾害，空间分布格局与60年代相似。90年代全省只有5个台站发生过霜冻灾害，主要分布在辽东中东部和朝阳西北部的建平地区，其他地区均未发生霜冻灾害。2000年全省有11个台站发生过霜冻灾害，发生范围较90年代有所扩大（图4-21）。

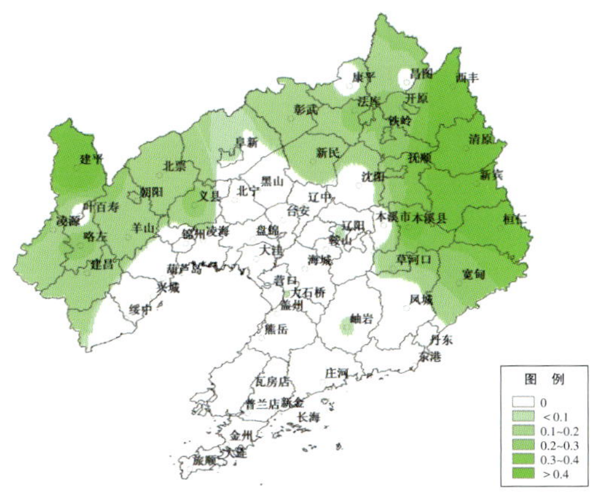

a. 1961—1970年辽宁省初霜冻灾害发生频率

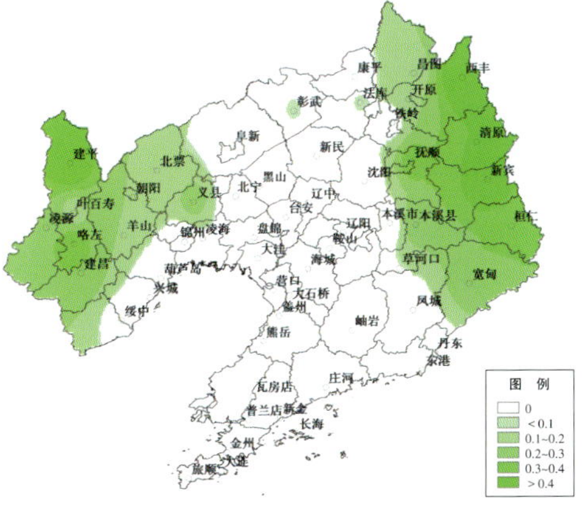

b. 1971—1980年辽宁省初霜冻灾害发生频率

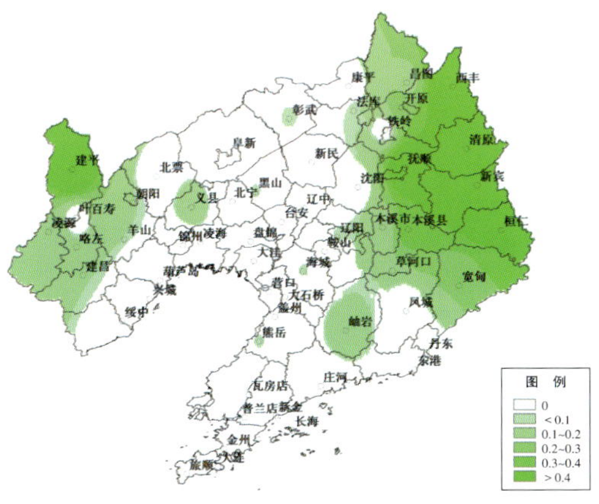

c. 1981—1990年辽宁省初霜冻灾害发生频率

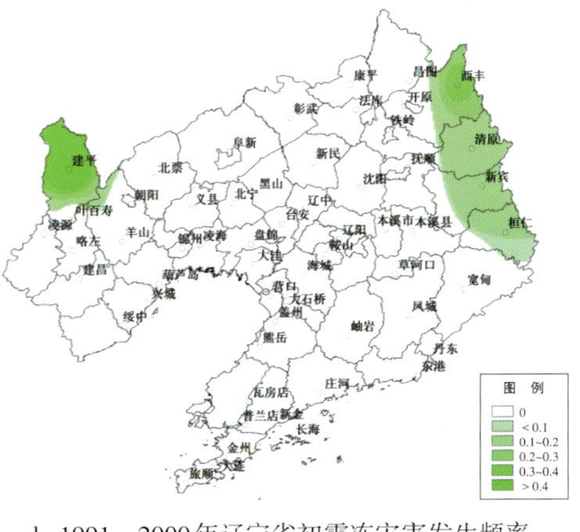

d. 1991—2000年辽宁省初霜冻灾害发生频率

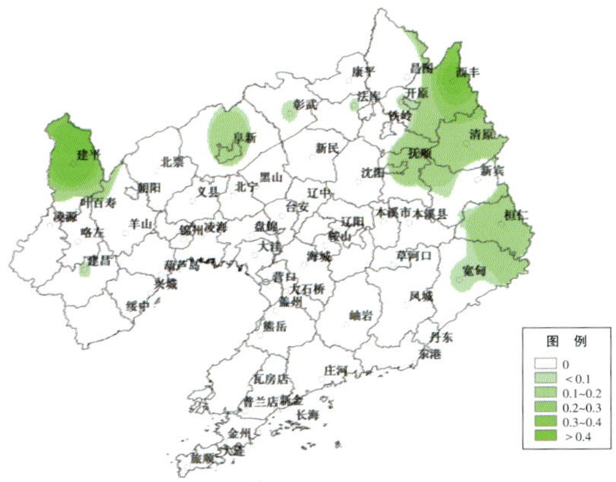

e. 2001—2010年辽宁省初霜冻灾害发生频率

图4-21 1961—2010年辽宁省霜冻灾害空间分布

5 主要农业气象灾害风险评估与区划

5.1 干旱灾害风险评估与区划

5.1.1 风险评估指标与方法

5.1.1.1 水分亏缺指数及其概率

水分亏缺指数是指在自然条件下，供水量不能满足需水量的程度。它是表征作物水分亏缺程度的指标之一。作物水分亏缺指数（*CWDI*）的定义和计算方法见式（3-3）。

根据确定的水分亏缺指数指标和生育期内连续一半以上无有效降水日数，按不同发育期计算干旱发生频率，即某站某一发育期发生干旱的年数与统计资料的总年数之比。

$$F_i = \frac{n}{N} \times 100\% \tag{5-1}$$

式中，n 为某时段干旱出现的年数；N 为统计总年数。

5.1.1.2 干旱减产率及其风险概率

采用直线滑动平均法和调和权重法对辽宁地区玉米单产进行趋势产量和气象产量分解，得到辽宁省各县相对气象产量序列，相对变率的负值即为减产率。

$$Y_r = \frac{Y - Y_t}{Y_t} = \frac{Y_w}{Y_t} \tag{5-2}$$

式中，Y_r 为相对气象产量，Y 为实际产量，Y_t 为趋势产量，Y_w 为气象产量。

根据概率分布密度函数计算玉米单产不同减产率区间出现的概率。即：

$$F(x) = \int_{-\infty}^{x} \frac{1}{\sqrt{2\pi}\sigma} e^{\frac{-(x-\mu)^2}{2\sigma^2}} \mathrm{d}x \tag{5-3}$$

式中，μ 为样本均值；σ 为样本均方差。

5.1.1.3 全生育期水分亏缺综合风险指数

玉米不同发育阶段（苗期、拔节—孕穗期、抽雄—吐丝期和灌浆—成熟期）水分亏缺指数及其出现频率和该生育阶段遭受干旱的权重系数的乘积之和为水分亏缺综合风险指数。公式如下：

$$I_{CWDI} = \sum_{i=1}^{n} W_i D_i P_i \tag{5-4}$$

式中，I_{CWDI} 为全生育期水分亏缺综合风险指数；D_i 为各发育期水分亏缺指数；P_i 为各发育期水分亏缺指数出现的概率；W_i 为各发育期对应权重系数（取值为0.13，0.21，0.29，0.37）；i 为发育期个数。

5.1.1.4 实际减产率风险指数

定义不同减产率及其对应出现概率的乘积之和为减产率风险指数。

$$I_y = \sum_{i=1}^{n} Y_i P_i \tag{5-5}$$

式中，I_y 为减产率风险指数；Y_i 为减产率；P 为该减产率出现的概率；i 为减产率不同等级数。

5.1.2 风险区划

5.1.2.1 水分亏缺综合风险区划

利用得到的玉米全生育期水分亏缺综合风险指数，采用动态聚类分析方法划分为高、次高、中、次低和低5类风险区，指标如表5-1所示。

表5-1 辽宁省玉米水分亏缺综合风险指数分区指标

区号	风险区	综合风险指数
1	低	≤0.03
2	次低	0.03 ~ 0.08
3	中	0.08 ~ 0.12
4	次高	0.12 ~ 0.19
5	高	> 0.19

辽宁省水分亏缺综合风险水平呈西南高、东北低的分布趋势，也有明显的地区差异和连片性，水分亏缺综合风险的高风险区主要分布在辽南南部和辽西中北部地区；次高风险区分布在辽西大部、辽宁中部及辽南北部；中风险区分布在辽宁中部；次低风险区分布在辽宁东部地区；低风险区分布在辽宁东部部分地区（图5-1）。

5.1.2.2 旱灾灾损综合风险区划

对实际减产风险指数、水分亏缺综合风险指数进行0 ~ 1极差化，消除不同量纲之间的影响，按等权重把两种指标相加，得到旱灾灾损综合风险指数，并对其进行极差化，采用动态聚类分析方法划分为高、次高、中、次低、低5类风险区，指标如表5-2所示。

辽宁省旱灾灾损综合风险水平呈西南高，东北低的分布趋势，也有明显的地区差异和连片性，高风险区主要分布在辽西大部和辽南南部；次高风险区分布在辽西东部、中部部分及辽南北部地区；中风险区分布在辽宁中部地区；次低风险区分布在辽东大部地区；低风险区分布在辽东东南部地区（图5-2）。

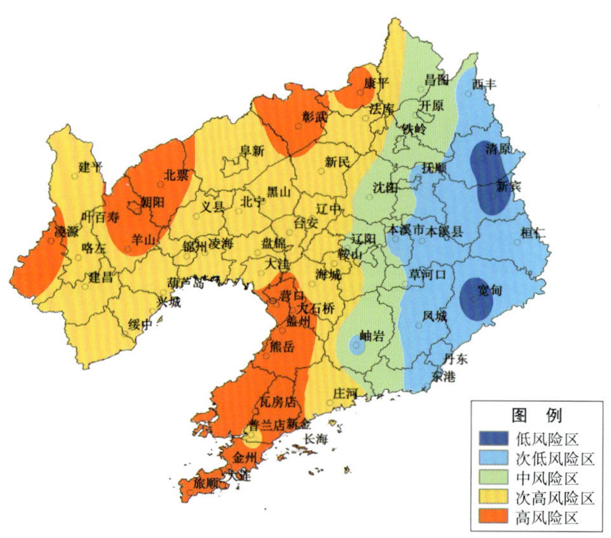

图5-1　辽宁省玉米水分亏缺综合风险指数分区

表5-2　辽宁省玉米旱灾灾损综合风险指数分区指标		
区号	风险区	旱灾灾损综合风险指数
1	低	≤0.20
2	次低	0.21～0.30
3	中	0.31～0.50
4	次高	0.51～0.70
5	高	＞0.70

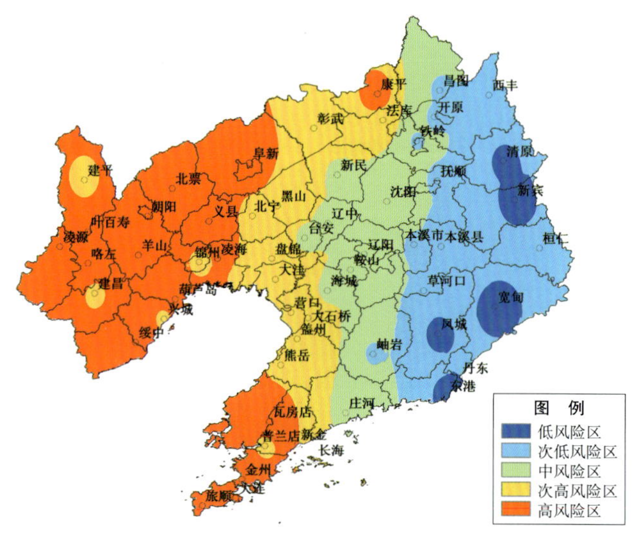

图5-2　辽宁省玉米旱灾灾损综合风险指数分区

5.2 低温冷害风险评估与区划

5.2.1 玉米低温冷害风险评估与区划

5.2.1.1 风险评估方法

以往研究表明，对于辽宁地区而言，判断准确率比较稳定的指标是积温指标，因此本部分在计算过去50年玉米冷害发生频率时参照的是潘铁夫等的积温指标，即将作物生育期的总积温较历年平均值少120 ℃的年份定义为一般低温冷害年，较历年平均值少200 ℃的年份定义为严重低温冷害年。

玉米低温冷害风险主要是由危险性、暴露性和脆弱性3个因素综合作用的结果，其大小为3个风险因素的和，即：

玉米低温冷害风险=危险性+暴露性+脆弱性

本研究选取了影响低温发生和程度的气象与地形因素，如海拔、纬度、5—9月积温、灾害发生频率等；暴露性或承灾体是指可能受到气象危险因子威胁的所有人和财产，因此选取玉米种植区占粮食播种面积的百分比作为暴露性评价指标；脆弱性表示受灾区暴露物体受低温冷害影响的程度，反映自然灾害的损失程度，选取单位面积玉米产量作为评价地区低温冷害脆弱性的指标。低温冷害风险评价指标及其权重值见图5-3。

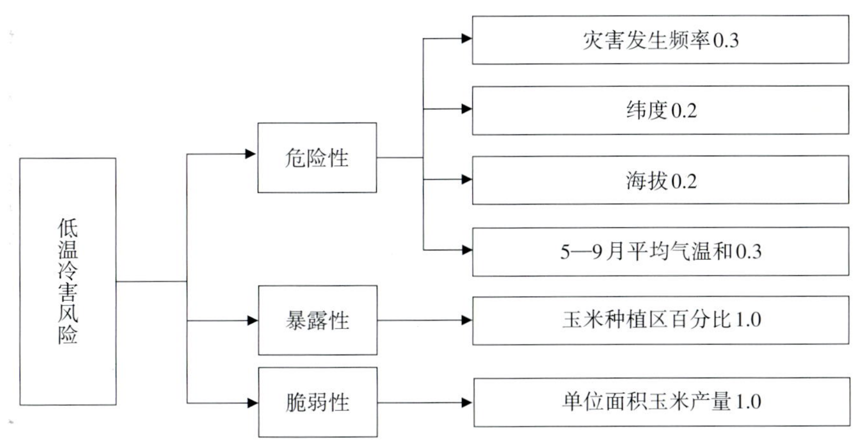

图5-3 辽宁省玉米低温冷害风险评价指标系统及其权重值

采用分级赋值法对低温冷害危险性评价因子进行量化，其评分标准见表5-3。

表5-3 低温冷害危险性评价因子评分标准

参评因子	评分标准	等级	评分
纬度	≥43°	1	3.0
	42°～42°59′	2	2.5

续表

参评因子	评分标准	等级	评分
纬度	41° ~ 41°59′	3	2.0
	40° ~ 40°59′	4	1.5
	39° ~ 39°59′	5	1.0
	≤38°59′	6	0.5
海拔高度/m	≥500	1	3.0
	400 ~ 500	2	2.5
	300 ~ 400	3	2.0
	200 ~ 300	4	1.5
	100 ~ 200	5	1.0
	< 100	6	0.5
5—9月积温/℃	≤2 900	1	5
	2 900 ~ 3 000	2	4
	3 000 ~ 3 100	3	3
	3 100 ~ 3 200	4	2
	≥3200	5	1
低温冷害发生频率/%	≥20.1	1	5
	15.1 ~ 20.0	2	4
	10.1 ~ 15.0	3	3
	5.1 ~ 10.0	4	2
	≤5.0	5	1

5.2.1.2 低温冷害风险评价模型的建立

参考张继权等的研究，玉米生产的低温冷害风险评价模型，用式（5-6）表示：

$$LCDRI_i=H_iW_h+E_iW_e+V_iW_v \tag{5-6}$$

$$H_i=\sum_{j=1}^{n}N_{ij}W_j \tag{5-7}$$

式中，$LCDRI_i$ 是 i 地区的低温冷害风险指数，其数值越大，表示低温冷害风险越大；H_i 是 i 地区的低温冷害危险性，用公式（5-7）计算得出；E_i 和 V_i 分别表示 i 地区低温冷害风险的暴露性和脆弱性；W_h, W_e, W_v 分别是危险性、暴露性和脆弱性的权重，分别为0.6，0.2，0.2；N_{ij} 是 i 地区的第 j 个指标量化值（N_{ij} ≥0）；W_j 是第 j 个指标权重系数

（$0 \leq W_j \leq 1$，且 $\sum_{i=1}^{m} W_j = 1$）； n 是评价指标的个数。

5.2.1.3 玉米低温冷害危险性、暴露性、脆弱性评价

考虑了灾害发生频率、纬度、海拔及5—9月积温的玉米低温冷害潜在危险性数值如表5-4所示。同时制订了低温冷害潜在危险性等级划分标准（表5-5），进一步做出了低温冷害潜在危险性的等级划分（表5-6）。

表5-4 辽宁省各县（市、区）低温冷害潜在危险性指数 H_i

站点	彰武	阜蒙	昌图	康平	法库	铁岭	西丰	开原
H_i	1.8	1.8	2.5	1.9	2.4	2.1	2.9	2.4
站点	清原	建平	北票	朝阳	叶柏寿	凌源	喀左	北镇
H_i	2.9	3.1	1.5	2.1	2.4	2.1	2.2	1.4
站点	辽中	新民	义县	黑山	台安	锦州	盘山	鞍山
H_i	1.4	1.7	1.7	1.7	1.4	1.4	1.4	1.4
站点	沈阳	本溪	辽阳	本溪县	抚顺	新宾	桓仁	建昌
H_i	1.4	1.8	1.4	2.2	2.1	2.9	2.5	2.5
站点	葫芦岛	绥中	兴城	大洼	营口	海城	盖州	大石桥
H_i	1.3	1.3	1.6	1.3	1	1.3	1.3	1.6
站点	熊岳	岫岩	宽甸	凤城	丹东	瓦房店	庄河	大连
H_i	1.3	1.9	2.4	1.9	1.9	1.6	1.8	1.4

表5-5 辽宁省玉米低温冷害潜在危险性指数等级划分

H_i	≤1.49	1.50~1.99	2.00~2.49	2.50~2.99	≥3.00
等级	轻微危险性	轻危险性	低危险性	中危险性	高危险性

表5-6 辽宁省低温冷害潜在危险性类型划分

类型名称	范围
轻微危险性	北镇、辽中、台安、锦州、盘山、鞍山、熊岳、沈阳、辽阳、葫芦岛、绥中、大洼、营口、海城、盖州、大连
轻危险性	彰武、阜蒙、康平、北票、新民、义县、黑山、本溪、兴城、大石桥、凤城、丹东、瓦房店、庄河
低危险性	法库、开原、铁岭、朝阳、叶柏寿、凌源、喀左、本溪县、抚顺、宽甸
中危险性	昌图、西丰、清原、桓仁、建昌、新宾
高危险性	建平

利用GIS技术对辽宁省各县（市、区）低温冷害的潜在危险程度进行评价和区划（图5-4）。

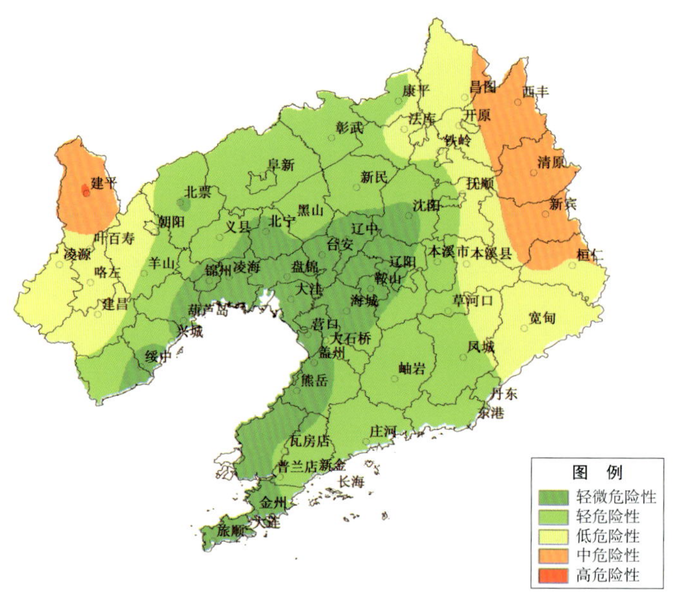

图5-4　辽宁省玉米低温冷害危险性区划图

本研究以玉米多年的平均单产作为评价灾害脆弱性程度的指标，用于评价灾害对辽宁地区玉米造成的损害程度。利用GIS技术对辽宁省玉米低温冷害脆弱性进行评价和区划（图5-5）。

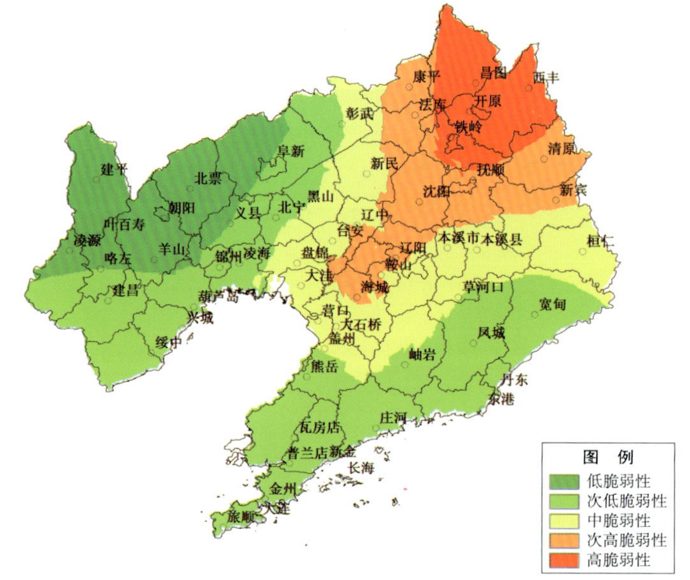

图5-5　辽宁省玉米低温冷害脆弱性区划图

暴露性表示暴露于低温的农作物的空间分布和频率。本研究选取玉米播种面积与粮食作物播种面积的比值作为评价灾害暴露性的指标，利用GIS技术对辽宁省玉米低温冷害暴露性进行评价和区划（图5-6）。

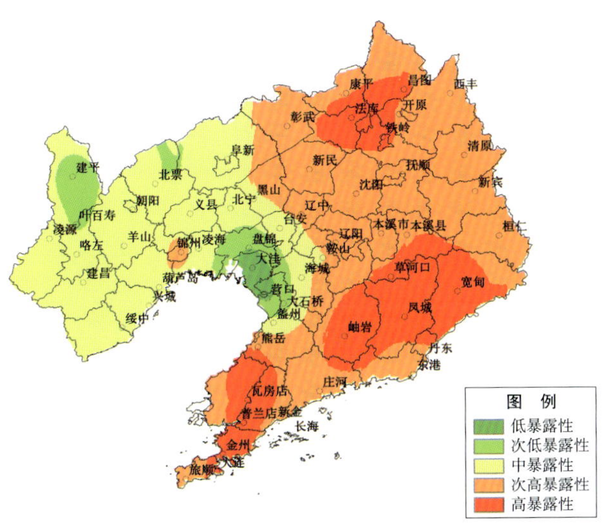

图5-6 辽宁省玉米低温冷害暴露性区划图

5.2.1.4 玉米低温冷害风险区划

基于上述研究，利用计算得到的 $LCDRI_i$ 值作为综合评价和区划玉米低温冷害的风险程度的指标。利用辽宁省1961—2010年的数据资料得出的 $LCDRI_i$ 的计算结果，建立了玉米低温冷害风险评价标准（表5-7）来评价玉米低温冷害的风险程度，并基于此标准对低温冷害风险程度进行评价和区划，借助GIS技术绘制了辽宁省玉米低温冷害风险评分与区别图（图5-7）。

表5-7 玉米低温冷害风险评价标准

风险	≤2.49	2.50 ~ 2.99	3.00 ~ 3.49	3.50 ~ 3.70	≥3.70
等级	轻风险	次低风险	中风险	次高风险	高风险

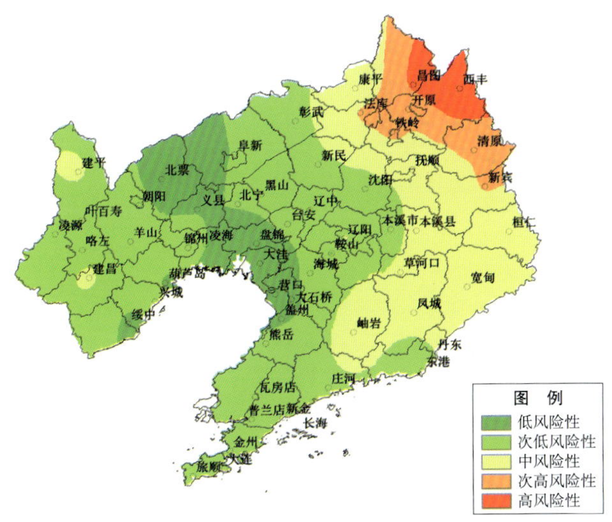

图5-7 辽宁省玉米低温冷害风险评价与区划

由图5-6可以看出，玉米低温冷害的高风险区主要分布在西丰及昌图东部地区，中风险区主要分布在辽北及辽东大部地区，其他地区则多为低风险区或次低风险区。

本研究所给出的辽宁省玉米低温冷害风险评价是基于过去50年（1961—2010年）的玉米低温冷害发生状况、各地区的玉米产量状况及玉米种植面积状况所得出的。20世纪60年代和70年代全省共出现7年低温冷害，即1966，1969，1972，1974，1976，1979，1980年。从70年代末至1995年较大范围的冷害发生在1986年和1995年。1996—2010年，几乎无玉米低温冷害灾害发生。可见，辽宁省玉米低温冷害在过去的各个年代发生频率不均，本研究所给出的风险评价是过去50年平均状况的体现，各地应结合不同地区的自然地理条件、农业种植结构、减灾管理能力等实际情况，因地制宜地采取相应的减灾对策。

5.2.2　水稻低温冷害风险评估与区划

5.2.2.1　风险评估方法

辽宁地区水稻延迟型低温冷害与障碍型低温冷害均有所发生，其中障碍型低温冷害以发生在抽穗—开花期（8月上中旬）较为常见，因此本研究分别对两种类型水稻低温冷害加以评价。水稻低温冷害评价指标参考中华人民共和国气象行业标准《水稻、玉米冷害等级》（QX/T 101—2009）中对水稻低温冷害指标的界定，同时依据本书对水稻延迟型低温冷害指标的改进（即对105 ℃ < T≤110 ℃区间冷害的划分），两种水稻低温冷害指标的判定分别见表5-8和表5-9。

表5-8　水稻延迟型低温冷害指标　℃

项目	85 < T≤90	90 < T≤95	95 < T≤100	100 < T≤105	105 < T≤110
一般	-1.7 < ΔT≤-1.3	-2.4 < ΔT≤-1.7	-2.8 < ΔT≤-2.4	ΔT≤-2.8	ΔT≤-3.6
严重	-3.2 < ΔT≤-2.6	-3.8 < ΔT≤-3.2	-4.2 < ΔT≤-3.8	ΔT≤-4.2	

表5-9　水稻障碍型低温冷害指标

发育时间	致灾因子	致灾等级		
		轻度	中度	重度
孕穗期	日平均温度≤17 ℃的持续天数	2 d	3 ~ 4 d	≥5 d
抽穗开花期	日平均温度≤19 ℃的持续天数	2 d	3 ~ 4 d	≥5 d

同玉米低温冷害相似，水稻低温冷害风险主要是由危险性、暴露性和脆弱性3个因素综合作用的结果，其大小为3个风险因素的和，即：

水稻低温冷害风险=危险性+暴露性+脆弱性。

本研究选取了影响低温发生和程度的气象与地形因素，如海拔、纬度、5—9月平均气温和、灾害发生频率等；暴露性或承灾体是指可能受到气象危险因子威胁的所有人和财产，因此选取水稻种植区占粮食播种面积的百分比作为暴露性评价指标；脆弱性表示受灾区暴露物体受低温冷害影响的程度，反映自然灾害的损失程度，选取单位面积水稻产量作为评价该地区低温冷害脆弱性的指标。低温冷害风险评价指标及其权重值见图5-8。

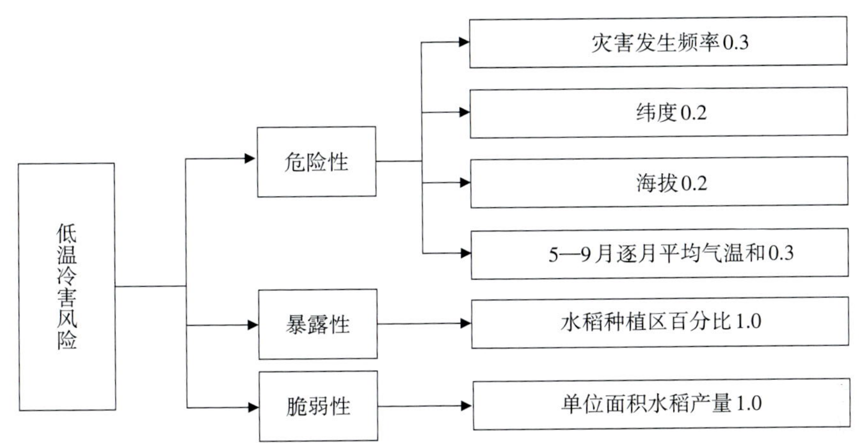

图5-8 辽宁省水稻低温冷害风险评价指标系统及其权重值

采用分级赋值法对危险性评价因子进行量化，其评分标准见表5-10。

表5-10 水稻低温冷害危险性评价因子评分标准

参评因子	评分标准	等级	评分
纬度	≥43°	1	3.0
	42°～42°59′	2	2.5
	41°～41°59′	3	2.0
	40°～40°59′	4	1.5
	39°～39°59′	5	1.0
	≤38°59′	6	0.5
海拔高度/m	≥500	1	3.0
	400～500	2	2.5
	300～400	3	2.0
	200～300	4	1.5
	100～200	5	1.0

续表

参评因子	评分标准	等级	评分
海拔高度/m	≤100	6	0.5
5—9月平均气温和/℃	≤90.0	1	5
	90.1 ~ 95.0	2	4
	95.1 ~ 100.0	3	3
	100.1 ~ 105.0	4	2
	≥105	5	1
低温冷害发生频率/%	≥20.1	1	5
	15.1 ~ 20.0	2	4
	10.1 ~ 15.0	3	3
	5.1 ~ 10.0	4	2
	≤5.0	5	1

5.2.2.2 低温冷害风险评价模型的建立

参考张继权等的研究，水稻生产的低温冷害风险评价模型，用公式表示为：

$$LCDRI_i=H_iW_h+E_iW_e+V_iW_v \tag{5-8}$$

$$H_i=\sum_{j=1}^{n}N_{ij}W_j \tag{5-9}$$

式中，$LCDRI_i$ 是 i 地区的低温冷害风险指数，其数值越大，表示低温冷害风险越大；H_i 是 i 地区的低温冷害危险性，用式（5-9）计算得出；E_i 和 V_i 分别表示 i 地区低温冷害风险的暴露性和脆弱性；W_h，W_e，W_v 分别是危险性、暴露性和脆弱性的权重，分别为0.6，0.2，0.2；N_{ij} 是 i 地区的第 j 个指标量化值（$N_{ij}\geq0$）；W_j 是第 j 个指标权重系数（$0\leq W_j\leq1$，且 $\sum_{i=1}^{n}W_j=1$）；n 是评价指标的个数。

5.2.2.3 水稻低温冷害危险性、暴露性、脆弱性评价

辽宁省水稻延迟型冷害危险性指标如表5-11所示。对水稻冷害潜在危险性指数的等级划分同玉米低温冷害，划分结果如表5-12所示。利用GIS技术对辽宁省各县（市、区）水稻延迟型冷害的潜在危险程度进行评价和区划（图5-9），结果显示发生水稻延迟型低温冷害严重危险性区域集中在辽东东部及建平地区。

表5-11 辽宁省各县（市、区）水稻延迟型冷害潜在危险性指数 H_i

站点	彰武	阜蒙	昌图	康平	法库	铁岭	西丰	开原
H_i	2.1	2.4	2.5	2.5	2.4	2.1	3.5	2.4
站点	清原	建平	北票	朝阳	叶柏寿	凌源	喀左	北镇
H_i	3.5	3.7	2.1	2.1	2.7	2.7	2.2	2.3
站点	辽中	新民	义县	黑山	台安	锦州	盘山	鞍山
H_i	2.0	2.0	2.6	2.3	1.4	1.7	1.4	2.0
站点	沈阳	本溪	辽阳	本溪县	抚顺	新宾	怀仁	建昌
H_i	1.4	2.1	1.7	3.1	2.7	3.5	2.8	2.8
站点	葫芦岛	绥中	兴城	大洼	营口	海城	盖州	大石桥
H_i	1.9	1.3	2.2	1.3	1.3	1.6	1.3	1.9
站点	熊岳	岫岩	宽甸	凤城	丹东	瓦房店	庄河	大连
H_i	1.3	2.5	3.0	2.5	2.5	2.5	1.8	2.3

表5-12 辽宁省水稻延迟型冷害潜在危险性类型划分

类型名称	范围
轻微危险	台安、盘山、沈阳、绥中、大洼、营口、盖州、熊岳
轻危险	锦州、辽阳、葫芦岛、海城、大石桥、庄河
中危险	彰武、阜新县、法库、铁岭、开原、北票、朝阳、喀左、北镇、辽中、新民、黑山、鞍山、本溪、兴城、大连
重危险	昌图、康平、叶柏寿、凌源、义县、抚顺、桓仁、建昌、岫岩、凤城、丹东、瓦房店
严重危险	西丰、清原、建平、本溪县、新宾、宽甸

辽宁省水稻低温冷害的脆弱性与暴露性评价指标选取与玉米相似，利用GIS技术对水稻低温冷害脆弱性和暴露性进行评价和区划（图5-10、图5-11）。辽宁省水稻低温冷害的高脆弱性和高暴露性区域在盘锦、营口、鞍山、辽阳、沈阳南部等地区有所重合，由此导致这些地区发生水稻冷害的风险性也较高。

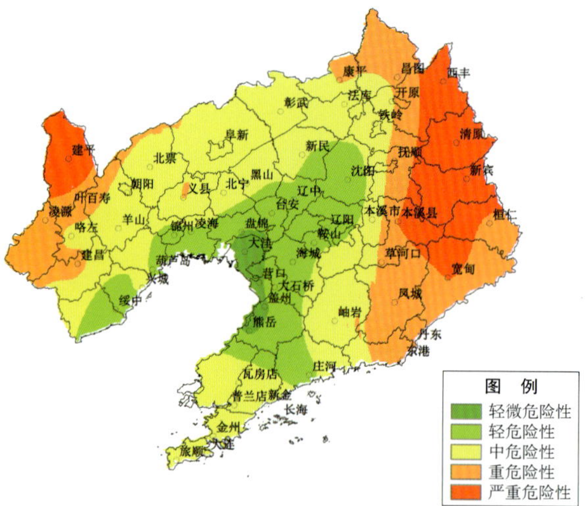

图5-9 辽宁省水稻延迟型低温冷害危险性区划图

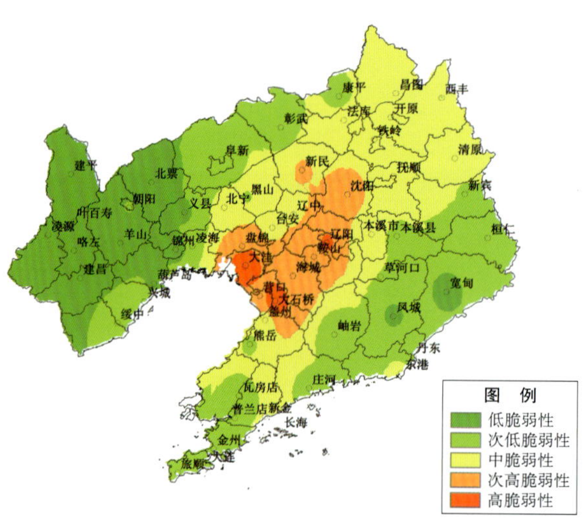

图5-10 辽宁省水稻低温冷害脆弱性区划

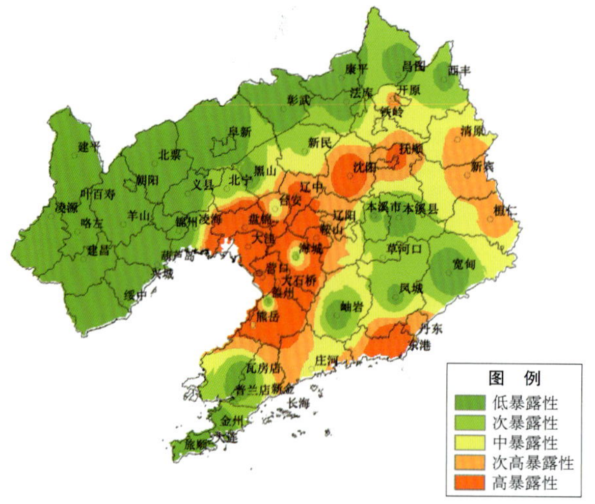

图5-11 辽宁省水稻低温冷害暴露性区划

5.2.2.4 水稻障碍型冷害危险性

水稻障碍型冷害危险性指数及类型划分如表5-13、表5-14所示，借助GIS技术对水稻障碍型冷害危险性的区划如图5-12所示，重危险及严重危险区分布在辽北、辽东部分地区及建平地区。

表5-13 辽宁省各县（市、区）水稻障碍型冷害潜在危险性指数 H_i

站点	彰武	阜新县	昌图	康平	法库	铁岭	西丰	开原
H_i	2.4	2.1	2.8	2.8	2.7	2.7	3.5	2.7
站点	清原	建平	北票	朝阳	叶柏寿	凌源	喀左	北镇
H_i	3.5	3.7	1.8	1.8	3.0	3.0	2.2	1.4
站点	辽中	新民	义县	黑山	台安	锦州	盘山	鞍山
H_i	1.7	1.7	2.0	1.7	1.1	1.1	1.1	1.4
站点	沈阳	本溪	辽阳	本溪县	抚顺	新宾	怀仁	建昌
H_i	1.4	2.4	1.4	2.5	2.7	3.5	3.1	2.8
站点	葫芦岛	绥中	兴城	大洼	营口	海城	盖州	大石桥
H_i	1.0	1.0	1.3	1.0	1.0	1.6	1.0	1.3
站点	熊岳	岫岩	宽甸	凤城	丹东	瓦房店	庄河	大连
H_i	1.3	1.6	2.1	1.6	1.6	1.3	1.2	1.1

表5-14 辽宁省水稻障碍型冷害潜在危险性类型划分

类型名称	范围
轻微危险	北镇、台安、盘山、锦州、沈阳、绥中、大洼、营口、盖州、熊岳、鞍山、辽阳、葫芦岛、兴城、瓦房店、大石桥、大连庄河
轻危险	北票、辽中、朝阳、新民、黑山、海城、岫岩、凤城、丹东
中危险	彰武、阜蒙、喀左、义县、本溪、宽甸
重危险	昌图、康平、法库、铁岭、开原、抚顺、建昌、本溪县、
严重危险	西丰、清原、建平、叶柏寿、凌源、新宾、桓仁

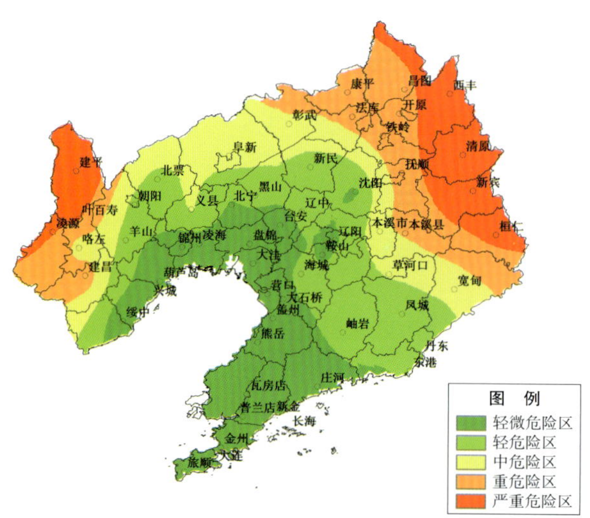

图5-12 辽宁省水稻障碍型低温冷害危险性区划

5.2.2.5 水稻低温冷害风险区划

利用公式计算得到的$LCDRI_i$值作为综合评价和区划低温冷害影响水稻风险程度的指标，根据水稻低温冷害风险评价标准（表5-15），对水稻延迟型及障碍型冷害的风险评价与区划如图5-13、图5-14所示。盘锦、营口及东港地区虽然发生水稻低温冷害的危险性不高，但由于这些地区种植水稻的比例相对较高（>60%）且产量也较高，因此发生低温冷害的风险变大。而西丰、清原、新宾等地区发生水稻低温冷害的危险性较高，但由于这些地区种植水稻的比例较低（<20%），且产量小于水稻主产区，因此发生水稻低温冷害的风险大大降低。

表5-15 水稻低温冷害风险评价标准

风险	≤2.49	2.50 ~ 2.99	3.00 ~ 3.49	3.50 ~ 3.99	≥4.00
等级	低风险	次低风险	中风险	次高风险	高风险

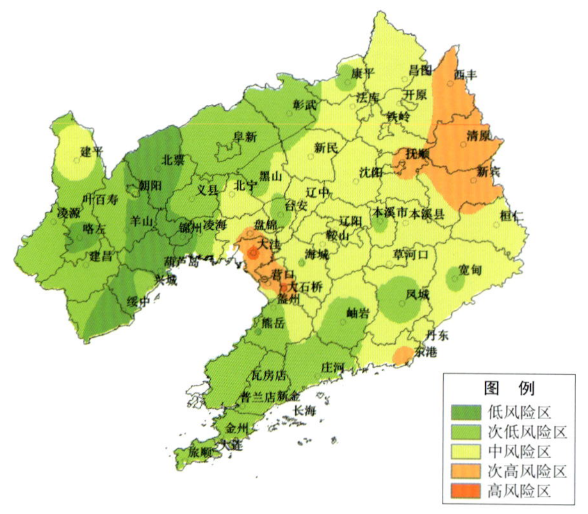

图5-13 辽宁省水稻延迟型冷害风险评价与区划

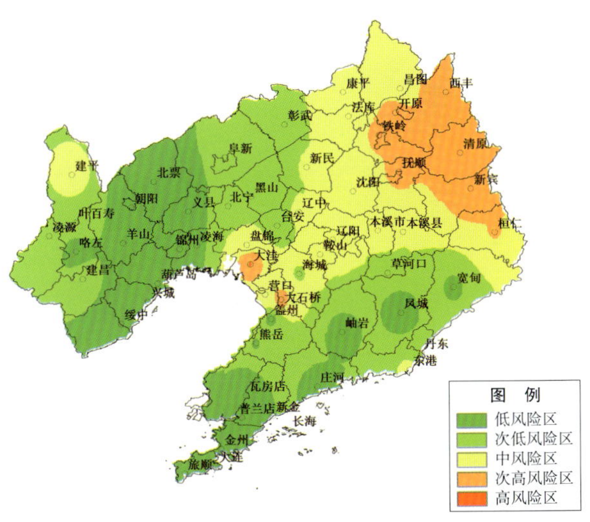

图5-14 辽宁省水稻障碍型冷害风险评价与区划

5.3 初霜冻灾害风险评估与区划

5.3.1 风险评估指标的选取

进行作物霜冻灾害风险评估，首先要确定指标。作物霜冻灾害与作物的发育期以及气温有关。针对辽宁地区玉米、水稻两大作物，霜冻灾害主要发生在作物成熟阶段，结合各农业气象观测站的作物发育期资料，利用各站点多年玉米、水稻成熟末期80%保证率日期作为发生霜冻灾害的临界日期 D^*，霜冻如果发生在临界日期之前，即确定该地作物遭遇霜冻灾害，这样能更客观地反映该地区作物发生霜冻灾害的风险；对温度来说，可采用日最低气温作为霜冻灾害指标，结合辽宁地区的实际情况，并借鉴了《中华人民共和国气象行业标准——作物霜冻害等级》，将作物霜冻灾害分为轻、中、重3级，具体指标如表5-16。为了方便，本研究以日序的形式表示初始通过各个等级霜冻灾害温度指标上限的日期，并以9月1日作为起始日期，以下用 D 代表日序。

表5-16 玉米、水稻初霜冻灾害指标 ℃

霜冻等级	轻霜冻	中霜冻	重霜冻
玉米温度指标	−1.0 ~ −2.0	−2.0 ~ −3.0	−3.0 ~ −4.0
水稻温度指标	0.0 ~ −0.5	−0.5 ~ −1.0	−1.0 ~ −2.0

5.3.2 霜冻灾害风险评估体系的建立

灾害风险可以定义为一定概率下灾害造成的破坏或损失，传统评估程序主要包括致灾因子评估、脆弱性评估和暴露性评估3方面，除此之外随着科技和经济的发展，人类的防灾减灾能力已经成为影响灾害发生和发展的重要因素。依据灾害系统理论，在综合考虑致灾因子和承灾体的基础上，从致灾因子的自然属性和承灾体的社会属性两个方面，以各县（市）的行政边界为单位，借鉴前人灾害风险评价的方法，将传统的灾害研究方法和现代技术手段相结合，把霜冻灾害风险评估分为霜冻灾害的危险性评估、灾损敏感性评估、暴露性评估和防灾减灾能力4个部分。霜冻灾害危险性评价主要从灾害发生的自然属性出发，选取致灾因子强度和其发生频率以及发生日期的不稳定性作为评估指标，在分析评价它们对初霜冻灾害危险性影响的基础上，经过一系列处理和运算得出霜冻灾害危险性分布图。初霜冻灾害灾损敏感性评估主要是从承灾体遭受损失的社会属性出发，选取单位面积产量指标并分析评价它对灾损敏感性的影响，从而得到霜冻灾害灾损敏感性分布图。与灾损敏感性评估指标的选取原则相同，本研究采用各评价单元的单位国土面积上的作物种植面积作为承灾体暴露性评估指标（图5-15）。基于以上分析，建立以下评估模型：

$$R = {H_h}^{W_h} \cdot {V_e}^{W_e} \cdot {V_d}^{W_d} \cdot [a + (1-a)(1-C_d)]^{W_c} \tag{5-10}$$

式中，R为霜冻灾害风险指数；H_h为致灾因子危险性；V_e为物理暴露性；V_d为承灾体的灾损敏感性，C_d为人类防灾减灾能力，a为不可防御的风险；W_h，W_e，W_d，W_c表示霜冻灾害各组成因素对霜冻灾害风险贡献的权重大小。

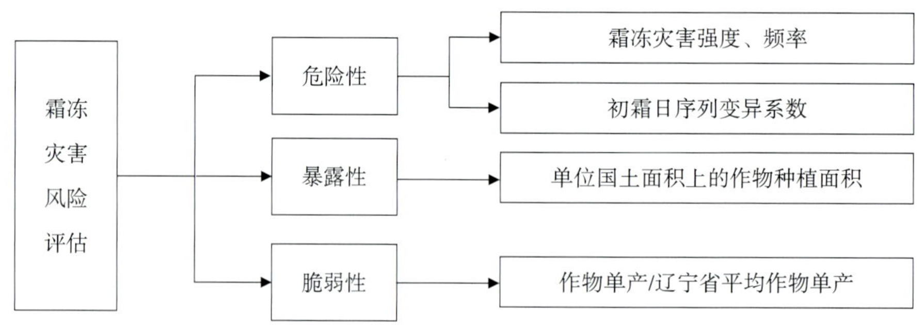

图5-15 霜冻灾害风险评估体系

5.3.3 霜冻灾害风险评估过程

5.3.3.1 指标权重系数的确定

完成霜冻灾害风险评估和区划，各灾害风险影响因素权重的确定是整个评估过程中不可缺少的一环，它关系到评估结果是否符合实际情况。这里采用层次分析（AHP）法对各因素权重进行确定。层次分析法是系统工程中对非定量事件做定量分析的一种新的决策分析方法，它把复杂问题分成若干组成因素，又将这些因素按支配关系分组形成递阶层次结构，然后将这些因素用两两比较的方法确定层次中诸因素的相对重要性，再综合决策者的判断，确定方案中相对重要性的总排序。

运用层次分析法，由专家对所列要素通过两两比较重要程度（按1～9标度定量化），构造判断矩阵，进行权重求算和一致性检验，得到最终结果。因素间重要程度量化值和各因素对灾害风险贡献如表5-17。

表5-17 重要程度量化值和权重

因素	危险度	暴露性	灾损敏感性	防灾减灾能力	权重
危险度	1				0.529 2
暴露性	1/3	1			0.268 1
灾损敏感性	1/4	1/3	1		0.134 2
防灾减灾能力	1/5	1/4	1/3	1	0.068 4

5.3.3.2 危险性评估

将霜冻强度和霜冻发生频率有机地结合在一起，能够组成一种较客观地反映致灾因子危险性大小的指标。将每个县（市）出现霜冻灾害的年份按轻度霜冻、中度霜冻和重度霜冻分为3组，求出每组出现的频数和组中值，再按下式计算该指标 I_h：

$$I_h = \sum_{j=1}^{3} \frac{D_j}{n} \cdot G_j \tag{5-11}$$

式中，D_j 为 j 组出现的频数；n 为总年数；G_j 为组中值。

由于各个等级霜冻的初霜冻日期均存在不稳定性，地区间差异也比较大，年际间初霜冻日期的稳定与否直接关系到该地致灾因子的危险性大小，因此 D 的变异系数 D_v 是另一种反映致灾因子危险性大小的指标，即：

$$D_v = \frac{\sigma}{\bar{D}} \tag{5-12}$$

式中，σ 为标准差，$\bar{D}$ 为数学期望。变异系数描述了某一时间序列数值分散的程度，表明数据是高度集中在某个范围内，还是比较分散，变异系数越大，序列越不稳定，危险程度越大。

上述两种指标分别从不同角度反映了致灾因子的危险性大小，为了能得到一个具有综合性的反映各评价单元致灾因子危险性大小的指标，将上述指标按式（5-13）计算：

$$k^* = \frac{k - k_{\min}}{k_{\max} - k_{\min}} \tag{5-13}$$

进行极差标准化处理，然后采用权重比为3∶1的加权综合法计算各评价单元致灾因子危险度指标（H_h），即：

$$H_h = 0.75 \cdot I_h^* + 0.25 \cdot D_v^* \tag{5-14}$$

式中，I_h^* 和 D_v^* 分别为 I_h 和 D_v 的标准化值。采用自然断点法将研究区按危险度指标大小分为5级（表5-18）。

表5-18 玉米、水稻致灾因子危险性分区

危险度分级	高危险区	次高危险区	中等危险区	次低危险区	低危险区
阈值范围	>0.4	0.2～0.4	0.1～0.2	0.05～0.1	≤0.05

5.3.3.3 暴露性评估

暴露性评估是研究风险源在区域中与风险受体之间的接触暴露关系，对于作物霜冻灾害的承灾体作物而言，作物的种植密度是承灾体的暴露性，作物种植越密集，暴露性越高，灾害风险也就越大。这里采用地均作物种植面积作为暴露性评估指标。采用自然断点法将研究区的作物暴露程度按地均作物种植面积大小分级，并逐一进行赋值。本研究采用各评价单元单位国土面积上的作物种植面积作为承灾体暴露性评估指标（表5-19）。

表5-19 玉米、水稻暴露程度分级、赋值结果

暴露程度分级	阈值范围	指标值
	玉米	
一级	≤3	0.5
二级	3 ~ 5	0.6
三级	5 ~ 10	0.7
四级	10 ~ 20	0.8
五级	> 20	0.9
	水稻	
一级	≤1.0	0.5
二级	1.0 ~ 1.5	0.6
三级	1.5 ~ 2.0	0.7
四级	2.0 ~ 2.5	0.8
五级	> 2.5	0.9

5.3.3.4 脆弱性评价

分别将各评价单元作物单产除以研究区平均单产，得到各评价单元作物相对单产水平，然后同样采用自然断点法将该比值按大小分为5级，并逐一进行赋值（表5-20）。

表5-20 玉米、水稻脆弱性分级、赋值结果

分级	阈值范围	指标值
	玉米、水稻	
一级	≤0.6	0.5
二级	0.6 ~ 0.8	0.6
三级	0.8 ~ 1.0	0.7
四级	1.0 ~ 1.2	0.8
五级	> 1.2	0.9

5.3.3.5　霜冻灾害风险评估与区划

利用1961—2010年资料，计算出各评价单元霜冻灾害风险指数 R，并兼顾地理和农业生态区域特性，将研究区分为5个风险等级区域。分区结果如表5-21、图5-16、图5-17所示。

表5-21　辽宁地区玉米、水稻霜冻灾害风险区划

危险度分区	阈值范围	地理区域
玉米		
高风险区	> 0.5	无
次高风险区	0.4 ~ 0.5	建平地区
中等风险区	0.3 ~ 0.4	西丰、清原、新宾东部地区
次低风险区	0.2 ~ 0.3	辽西大部、辽北
低风险区	≤0.2	中南部及南部地区
水稻		
高风险区	> 0.5	无
次高风险区	0.4 ~ 0.5	建平、西丰部分地区
中等风险区	0.3 ~ 0.4	开原、清原、新宾地区
次低风险区	0.2 ~ 0.3	辽西北部、辽东部分地区
低风险区	≤0.2	辽西南部、中部、辽南地区

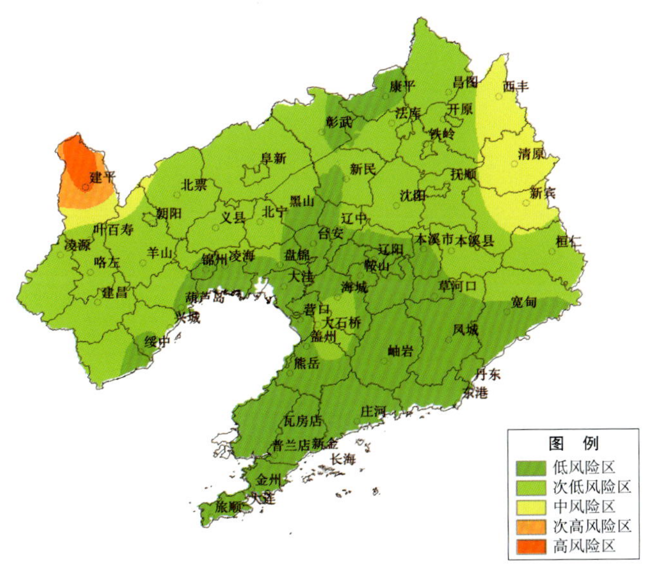

图5-16　辽宁地区玉米霜冻灾害风险区划

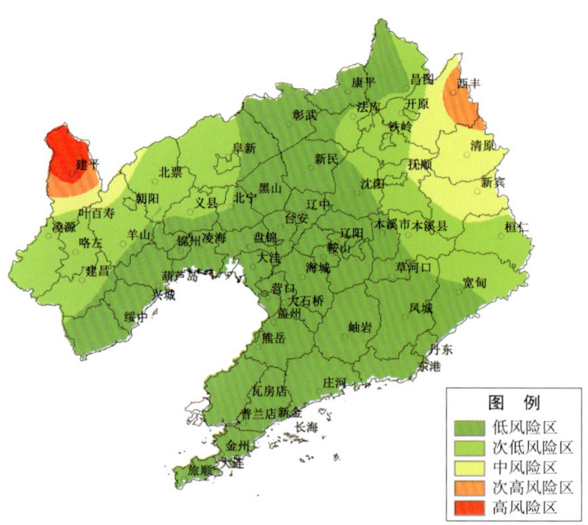

图5-17 辽宁地区水稻霜冻灾害风险区划

6 主要农业气象灾害影响评估

6.1 干旱灾害影响评估方法

6.1.1 玉米气象指数（CMI）评估方法

6.1.1.1 玉米气象指数的建立

玉米气象指数（CMI）是根据气温、降水条件的综合作用对玉米各主要发育期气象条件适宜情况进行判断的指标，其数值大，代表适宜玉米生长，数值小，代表不适宜玉米生长。在同一地区，玉米在整个生育期内所需热量和水分基本是一定的，不同品种各生育期长短会存在差异，但在农业气象服务中，考虑品种差异并不现实，因此，在建立CMI指标体系时，品种间水热需求差异可忽略或仅给出范围。对于播种至出苗阶段，种子萌发需水量较少，北方地区该时段常出现晚霜或低温天气，因此温度因子所占权重相对较高。在出苗至拔节期，轻度干旱可以对玉米幼苗起到蹲苗作用，使植株根系下扎，形成壮苗。随着叶片增多，需水量不断增大，因此，在整个苗期水热条件要合理搭配。在拔节至灌浆阶段，玉米需水量不断增多，尤其在抽雄前后，由营养生长转为生殖生长，开花、吐丝、授粉是决定产量的重要阶段，是玉米需水关键期，而此时正值盛夏，一般热量充足，温度条件影响较小，因此，这个阶段水分权重明显要高于温度。从灌浆到成熟这一时期，温度、水分条件并重，哪方面不好都对产量产生影响，所以这一时期温、水条件权重相当。此外，玉米生长期内，当CMI长期处于4级或5级标准时，将对玉米造成不可逆转的影响，而这种影响产生后，即使下一个生育期CMI转为1级或2级，此时的玉米生长状况仍处于前期状态，尤其是孕穗、开花、授粉等需水关键时期。考虑到上述玉米各发育期的生长特点，建立CMI指标体系。

通过AHP方法得出的各发育期温度、降水对玉米生长贡献权重值（表6-1）。

表6-1 玉米各发育期温度和降水对玉米生长贡献权重值

发育期	播种—出苗	出苗—拔节	拔节—抽雄	抽雄—灌浆	灌浆—成熟
温度权重	0.4	0.4	0.25	0.25	0.5
降水权重	0.6	0.6	0.75	0.75	0.5

表6-2为玉米各生育期温度和降水下限及最适范围，根据当前玉米所在生育期平均温度和降水总量所处范围，各自赋予不同的贡献值，然后综合计算指数。见式（6-1）。

表6-2 玉米各生育期温度（℃）和降水（mm）界限值

发育期	播种—出苗	出苗—拔节	拔节—抽雄	抽雄—灌浆	灌浆—成熟
温度下限	6	6	18	18	14
温度适宜范围	10 ~ 28	18 ~ 26	22 ~ 27	25 ~ 28	20 ~ 24
降水下限	18	72	115	65	90
降水适宜范围	23 ~ 28	90 ~ 111	144 ~ 178	81 ~ 100	113 ~ 139

$$玉米气象指数\ CMI = a \times T_{贡献} + b \times R_{贡献} \tag{6-1}$$

式中，a，b分别为温度和降水权重；$T_{贡献}$，$R_{贡献}$分别为温度、降水（有效降水）对玉米生长发育的贡献率。温度和降水贡献率是通过先分别给定下限和适宜范围贡献率值，然后进行线性内插给出下限与适宜范围之间不同降水或温度的贡献率。例如：在拔节至抽雄阶段，当平均温度在18 ℃以下，贡献率定为0.5，在22 ~ 27 ℃贡献率为1。对降水而言，55 mm降水贡献率为0.1，115 mm为0.4，144 ~ 178 mm贡献率为1。通过内插可得到相应温度和降水的贡献率。最后，利用式（6-1）可计算出不同时期玉米气象指数。利用CMI指标体系可以评价玉米生长发育状况，分级标准见表6-3。

表6-3 CMI分级标准

差（5级）	较差（4级）	正常（3级）	较好（2级）	好（1级）
< 0.4	0.4 ~ 0.55	0.55 ~ 0.7	0.7 ~ 0.85	0.85 ~ 1

6.1.1.2 玉米气象指数的实际应用

2011年辽宁省整体气象条件好，风调雨顺，未出现明显的农业气象灾害，特别是农业干旱灾害，粮食总产为203.5亿kg，为历史最高产量。在整个玉米生育期，在ARCGIS平台上，利用CMI指数对玉米的生长发育进行了跟踪监测评估。

（1）播种期降水充沛，播种顺利。4月中下旬（16—18日、21—22日、28—30日）出现3次降水，为春播提供了较好的土壤墒情条件。4月上中旬气温和5 cm地温回升快，4月底完成水稻播种，5月13日前完成玉米播种。玉米生长气象指数（CMI）除辽东大部和朝阳西北部地区为4级外，其他地区都为1 ~ 3级，大部地区气象条件对玉米播种非常有利（图6-1）。

（2）旱田作物营养生长阶段气象条件适宜，作物长势良好。5月上旬到7月上旬，降水充沛，大部时段温度和光照条件较好，对作物生长比较有利。5月下旬沈阳北部、大连局部、朝阳大部、葫芦岛大部地区出现短时轻到中度干旱，对旱田作物蹲苗比较有利。从整个苗期来看，全省绝大部分地区CMI为1～2级，气象条件对玉米生长非常有利。苗期作物长势良好（图6-2）。

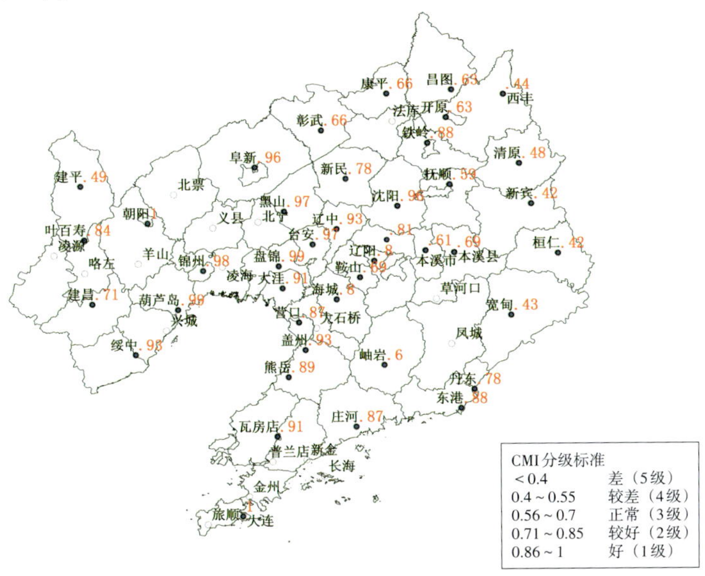

图6-1 辽宁省2011年播种期玉米气象指数评估

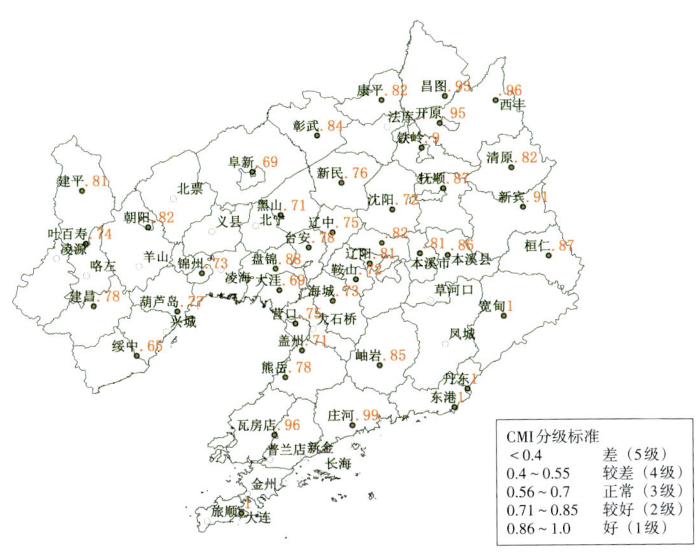

图6-2 辽宁省2011年苗期—拔节期玉米气象指数评估

（3）作物需水关键期水分充足。7月中旬到8月上旬多次出现大范围强降水过程，7月大部地区土壤墒情适宜，8月上旬大部地区土壤偏湿。辽西及辽北等地土壤水分充足，光、温条件匹配较合理。除宽甸、台安、大连和辽中地区因极端降水而使CMI较小外，其他大部地区CMI都在3级以上，对玉米生长比较有利（图6-3）。

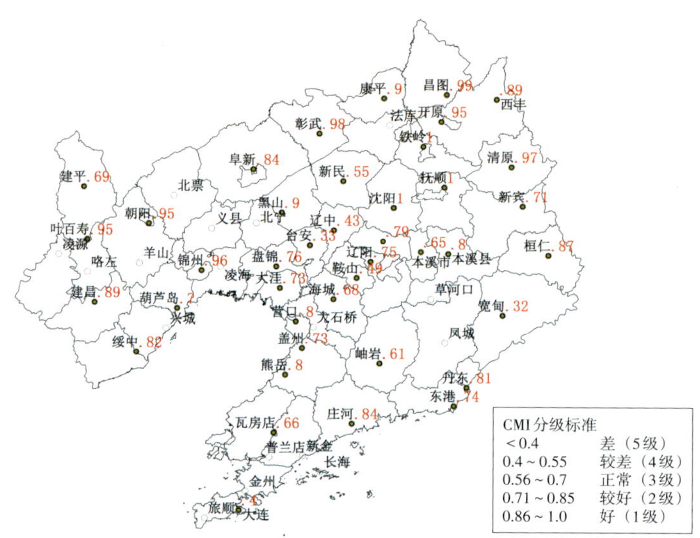

图6-3　2011年拔节—抽雄期玉米气象指数监测

6.1.2　水分适宜度干旱评估方法

玉米不同发育期的水分适宜度干旱评估可用式（6-2）表示。

$$S(r)=\begin{cases}1 & R\geqslant \mathrm{ET}\\ \dfrac{R}{ET} & R<ET\end{cases} \tag{6-2}$$

利用水分适宜度模型和对应干旱指标，对干旱评估的适用性进行检验。以辽宁地区典型干旱年2006，2007，2009年为例，分析干旱时空分布与水分适宜度的对应情况（图6-4）。

由图6-4可见，2006年辽宁西北部和南部地区发生较为严重的秋季干旱，从与9月8日墒情监测分布图比较情况来看，水分适宜度分布图反应的中—重度干旱范围与实际情况非常接近，轻度干旱发生区域相差较大，主要是时间尺度差异较大的缘故。2007年播种—出苗阶段的干旱区域差异略大，分析发现，这一时期间隔天数较少，一些站点降水量很小，但播种前降水量较多，导致适宜度表达干旱出现误差。说明适宜度方法在评估短时间内的干旱时适应性较差，有待进一步完善。从与2009年抽雄—成熟期干旱实况比较上来，水分适宜度都能对中—重度干旱进行较好的评估，而轻度干旱评估能力略差，可能也是由于评估时段与实况并非处于相同时间尺度的原因。

6.1.3　玉米干旱胁迫指标评估方法

选取玉米品种丹玉39为供试材料，利用大型农田水分控制试验场，采用大田池栽方式，第1个处理为对照（CK），全生育期保持水分适宜，土壤相对湿度75%±5%；剩余3个处理分别在三叶普遍期—拔节普遍期（MS_1，控水时间5月17日至6月23日）、拔节普遍期—吐丝普遍期（MS_2，控水时间6月20日至7月23日）、吐丝普遍期—乳熟普遍期（MS3，控水时间7月22日至8月18日）处理为中度干旱胁迫，土壤相对湿度为45%±5%，

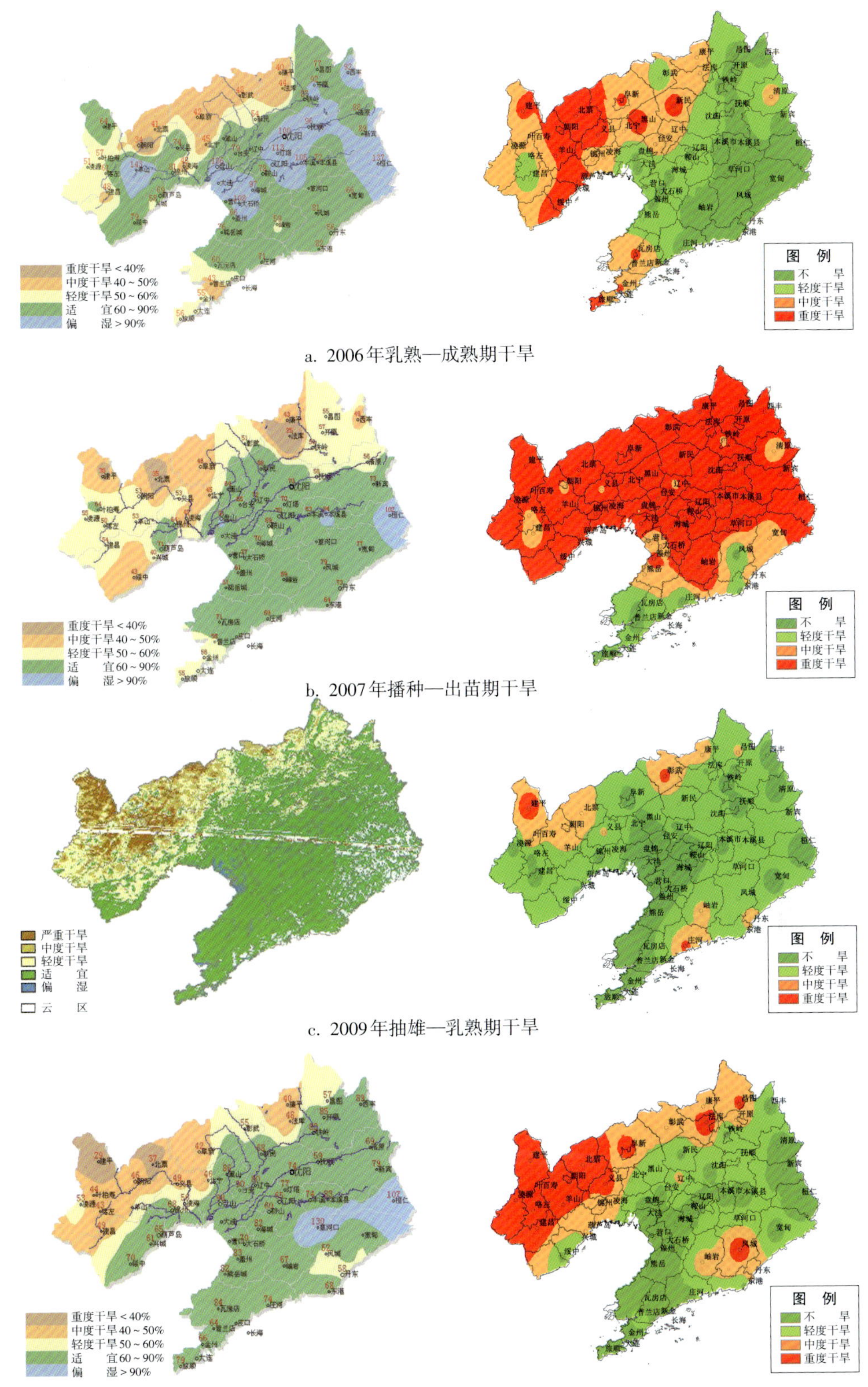

a. 2006年乳熟—成熟期干旱

b. 2007年播种—出苗期干旱

c. 2009年抽雄—乳熟期干旱

d. 2009年乳熟—成熟期干旱（左为干旱实况；右为水分适宜度）

图6-4 水分适宜度指标对辽宁省不同年份不同时期干旱的检验

各干旱胁迫处理所在发育期结束后，复水至水分适宜水平，直至成熟收获。

干旱胁迫对玉米生育期天数的影响评价指标见表6-4。

表6-4 不同发育期干旱胁迫对玉米生育期的影响指标

处理	到达生育期所需天数/d				
	出苗	拔节	吐丝	乳熟	成熟
对照	15	53	85	118	150
三叶—拔节期	15	56	87	122	163
拔节—吐丝期	15	53	86	116	143
吐丝—乳熟期	15	53	85	117	135

干旱胁迫对玉米穗部性状的影响评价指标见表6-5。

表6-5 不同时期干旱胁迫处理对玉米穗部性状的影响

处理	穗长/cm	穗粗/cm	秃尖长/cm	穗粒数/粒	果穗干重/g
对照	13.1	5.1	1.2	370.6	173.5
三叶—拔节期	15.1	4.8	0.9	341.1	157.3
拔节—吐丝期	12.2	5.2	1.1	300.0	124.7
吐丝—乳熟期	11.9	4.7	1.0	298.7	120.0

干旱胁迫对玉米产量构成要素的影响指标见表6-6。

表6-6 不同时期干旱胁迫处理对产量构成要素的影响指标

处理	每平方米穗数/穗	百粒重/g	穗粒重/g	经济产量/($g\cdot m^{-2}$)	生物产量/($g\cdot m^{-2}$)	空秆率/(%)	经济系数
对照	5.1	38.8	143.2	816.2	2658.9	10.1	0.31
拔节—吐丝期	4.4	33.9	101.1	576.3	1924.3	23.4	0.30
吐丝—乳熟期	3.7	34.5	103.3	589.0	2054.1	34.6	0.29
三叶—拔节期	4.8	41.4	141.0	803.7	2504.8	15.6	0.32

6.2 低温冷害影响评估方法

6.2.1 水稻低温冷害评估方法

无论是延迟型冷害还是障碍型冷害，对水稻的影响最终将归结为对水稻产量的影响，因此从产量损失、评估等级及冷害范围3个方面进行冷害评估。

6.2.1.1 水稻冷害产量损失评估方法

$$M = \sum (P_i \times Y_i \times S_i) \tag{6-3}$$

式中，M 为总减产量；P_i 为分县水稻单产减产率；Y_i 为分县水稻趋势单产；S_i 为分县水稻冷害发生面积。

6.2.1.2 水稻冷害影响评估等级

低温导致减产5%以上（含5%）视为受到灾害影响。水稻冷害按减产幅度分为轻度、中度和严重3个级别：

轻度冷害：导致水稻单产降低5%～10%的冷害。

中度冷害：导致水稻单产降低10%～15%的冷害。

重度冷害：导致水稻单产降低15%以上的冷害。

6.2.1.3 水稻冷害范围评估

用冷害发生范围百分率将水稻冷害分为局部冷害、区域性冷害和大范围冷害3级。

局部水稻冷害：评估区域内冷害发生市县数百分率在15%以下；

区域性水稻冷害：评估区域内冷害发生市县数百分率在15%～40%之间；

大范围水稻冷害：评估区域内冷害发生市县数百分率在40%以上。

6.2.1.4 水稻低温胁迫影响评价指标

（1）水稻孕穗期耐冷性指标。孕穗期耐冷性，根据水稻空壳率的多少来判断，分1～9级评价。1级1%～10%；2级11%～20%；3级21%～30%；4级31%～40%；5级41%～50%；6级51%～60%；7级61%～70%；8级71%～80%；9级81%～90%。

试验品种为辽丰7号、铁9868和辽粳454。选用直径25 cm左右的塑料盆，每盆插秧3株，常规管理。每盆挂牌标记在设定叶枕距范围内的单穗10个，每个品种处理6盆；3盆用于低温处理，另外3盆用于对照；处理温度为15 ℃，处理时间6 d（表6-7）。

表6-7 水稻孕穗期耐冷性指标

品种名	空壳率/(%)	耐冷级别
辽丰7号	34.8	4
铁9868	75.4	8
辽粳454	76.6	8

（2）水稻孕穗期低温胁迫影响评价指标。利用辽星1号和辽优5218两个品种，在孕穗期和抽穗开花期进行低温胁迫，低温设置温度15 ℃，分别控制2，4，6 d。总体看常规稻（辽星1号）抗低温的反应表现要比杂交稻（辽优5218）好一些（表6-8、表6-9）。

表 6-8 水稻孕穗期低温胁迫对结实率的影响指标

发育期	控温设置	品种名	结实率/(%)	品种名	结实率/(%)
孕穗期	对照	5218	91.6	辽星1号	96.4
	2 d		85.5		93.5
	4 d		83.0		84.5
	6 d		78.4		77.4

表 6-9 水稻抽穗—开花期低温胁迫对结实率的影响指标

发育期	控温设置	品种名	结实率/(%)	品种名	结实率/(%)
抽穗开花期	对照	5218	83.0	辽星1号	91.0
	2 d		78.6		89.5
	4 d		75.1		77.0
	6 d		65.3		64.7

6.2.2 玉米低温冷害评估方法

6.2.2.1 热量指数评估方法

根据玉米在不同时期对热量需求程度的不同，定义了一种热量指数，它的大小直接反映了热量条件对作物生长发育的影响程度。

$$F(T)=\left[(T-T_1)(T_2-T)^B\right]/\left[(T_0-T_1)(T_2-T_0)^B\right] \tag{6-4}$$

$$B=(T_2-T_0)(T_0-T_1) \tag{6-5}$$

式中，T 为某旬的气温；T_0、T_1、T_2 分别为该时段内作物生长发育和产量形成所需的最适温度、下限温度和上限温度，具体数值见表6-10。

表 6-10 高产条件下的玉米各发育期的 T_1、T_2、T_0 值

生长发育时期	苗期	营养生长期	营养、生殖并进期	开花灌浆期	灌浆成熟期
T_1	8.0	11.5	14.0	14.0	10.0
T_2	27.0	30.0	33.0	32.0	30.0
T_0	20.0	24.5	27.0	25.5	19.0

当 $T<T_1$ 时，$F(T)=0$，$F(T)$ 值越小，代表年份越偏冷；反之，代表年份偏暖。

6.2.2.2 5—9月平均气温和距平法

依据玉米延迟型冷害指标标准，建立一般冷害和严重冷害评估模型。

玉米一般冷害评估模型：

$$\Delta T_{5-9}=-94.797+3.238\bar{T}_{5-9}-3.672\times10^{-2}\bar{T}_{5-9}^{2}+1.358\times10^{-4}\bar{T}_{5-9}^{3} \tag{6-6}$$

玉米严重冷害评估模型：

$$\Delta T_{5-9}=-80.4697+2.9631\bar{T}_{5-9}-3.5672\times10^{-2}\bar{T}_{5-9}^{2}+1.3671\times10^{-4}\bar{T}_{5-9}^{3} \tag{6-7}$$

6.2.2.3　玉米低温胁迫影响评估指标

（1）低温对株高影响指标。低温导致株高增速减慢，温度越低控温时间越长，株高增加得越缓慢；拔节期和大喇叭口期分别控温3、5、7、9 d；15 ℃和17 ℃低温控制株高增长速率见表6-11。

表6-11　低温胁迫下春玉米株高变化　cm/d

发育期		拔节期			大喇叭口期		
		控温前	控温后	增长速率	控温前	控温后	增长速率
15 ℃	3 d	113.0	119.7	2.23	173.6	180.7	2.33
	5 d	113.0	121.0	1.60			
	7 d	113.0	123.0	1.43			
	9 d	112.2	125.7	1.50			
17 ℃	3 d	116.5	125.7	3.07	178.6	191.3	4.23
	5 d	115.5	126.3	2.16			
	7d	115.7	131.0	2.19			
	9d	119.0	129.7	1.19			
对照		108.0	154.7	5.19	175.6	193.0	5.80

（2）低温胁迫对生物量及叶面积影响指标。拔节期和大喇叭口期15 ℃玉米低温处理7 d后，进行了植株的生物量和叶面积测量，从表6-12中可以看出，低温导致玉米生物量降低，拔节期的鲜重和干重与对照相比减少了26.6%~38.2%，大喇叭口期的鲜重和干重与对照相比减少5%左右。低温导致玉米植株叶面积增加减少，即生长缓慢，拔节期与对照相比减少25%，大喇叭期与对照相比减少6%左右。因此，拔节期低温对植株生物量及叶面积的影响要远大于大喇叭口期。

表6-12　低温胁迫下春玉米植株生物量变化　g

发育期	拔节期				大喇叭口时期			
观测位置	茎		叶		茎		叶	
生物量	鲜重	干重	鲜重	干重	鲜重	干重	鲜重	干重
对照	351.96	28.95	196.95	37.98	785.95	112.10	289.16	62.21
15 ℃低温处理	216.78	18.75	144.48	27.47	746.04	79.91	274.68	60.43

（3）低温胁迫下对玉米叶片光合/蒸腾速率影响指标。15℃低温处理7 d后，光合速率、蒸腾速率变化指标见表6-13。

表6-13 低温胁迫对春玉米光合速率和蒸腾速率的影响

发育期	拔节期		大喇叭口时期	
参数	蒸腾速率/（mmol · $m^{-2}s^{-1}$）	光合速率/（μmol · $m^{-2}s^{-1}$）	蒸腾速率/（mmol · $m^{-2}s^{-1}$）	光合速率/（μmol · $m^{-2}s^{-1}$）
15 ℃低温处理	1.772	27.913	1.363	28.625
对照	4.195	30.948	3.811	32.194

（4）玉米关键发育期低温对产量结构影响指标。拔节期和大喇叭口期的低温控制对穗行数影响没有明显规律，对每行粒数的影响随着温度控制降低，控温时间延长更为明显，其中，大喇叭口期低温对行粒数减少更加敏感。拔节期低温处理后减产率为5%～20%，大喇叭口期低温处理后减产率均超过22%，控温时间越长减产率越高，最高可达到40%，由此可见，大喇叭口期低温对产量的影响更为显著。玉米拔节期是玉米进入生殖生长的开始，此时低温对玉米幼穗的分化会产生不同程度的影响，而大喇叭口期是影响玉米雄穗花粉粒正常发育的敏感时期，此时低温可能导致部分花粉败育，从而致使玉米的结实率降低，使理论穗粒数与实际穗粒数产生较大差异，从而能显著降低产量（表6-14）。

表6-14 低温胁迫玉米产量结构影响指标

控温温度/℃	控温时间/d	穗行数		行粒数		穗重/g	
		拔节期	大喇叭口期	拔节期	大喇叭口期	拔节期	大喇叭口期
15	3	14.7	—	45.7	—	324.8	—
	5	16.0	14.7	43.7	36.3	311.1	203.0
	7	17.3	16.0	41.0	37.0	303.6	264.9
	9	16.7	15.3	40.3	30.7	279.0	225.5
17	3	16.0	15.3	43.0	41.0	316.5	275.7
	5	15.3	16.0	42.0	38.7	296.0	263.3
	7	16.7	15.3	39.0	33.0	266.3	234.2
	9	16.7	16.7	40.7	32.7	273.4	203.1
CK		16.5		42.8		340.4	

7 主要农业气象灾害天气预报预警

灾害预报预警主要利用500 hPa高度场、850 hPa温度场、地面气压场资料，常规气象站逐日平均气温、最低气温资料，结合水稻、玉米低温冷害、霜冻、干旱指标，及时准确发布霜冻、寒潮和精细到乡镇的暴雨预报预警信息，预报预警准确率稳步提升。暴雨预警信息准确率从2012年的69%提升到2015年的75%，提升6%。

7.1 水稻低温冷害预报预警天气分型

低温冷害的天气预报预警服务是覆盖水稻全生育期的专业预报预警工作，针对水稻播种期、秧苗期、分蘖期各主要生育阶段和盛夏（7—8月）的低温过程，依据低温冷害指标，遴选典型的天气过程类型，为预报预警提供天气学依据。

7.1.1 水稻播种期低温预报预警天气型

近30年4月11日至5月10日辽宁省水稻主要播种期间，在导致水稻播种期出现低温天气类型中，西北气流型占449例，冷涡型占256例，平直锋区型占134例，两槽一脊型仅占12例。

7.1.2 水稻秧苗期低温预报预警天气型

5月11日至6月10日是水稻主要秧苗期，日平均气温低于10 ℃，最低气温低于2 ℃有60站次。其中，建平和新宾出现的次数占总站次的40%，从地域分布特征来看，主要发生区域为辽宁省西北、东北部地区。

造成水稻秧苗期低温的天气类型主要为冷涡型和西北气流型。冷涡型有36站次，冷涡中心主要位于黑龙江省附近，冷涡中心气压为530～540 hPa，850 hPa温度场有275～285 K等温线通过辽宁省。脊前西北气流型有24站次。发生的站点中，西丰、草河口、桓仁、建平、清原、新宾、抚顺两种天气型均有发生，并以冷涡型为主；昌图、法库、开原站发生的低温冷害次数少并为脊前西北气流型导致；本溪、凤城、阜新、宽甸、本溪县、岫岩、彰武不易发生苗期低温冷害，偶发低温冷害主要是由冷涡型导致（图7-1、图7-2）。

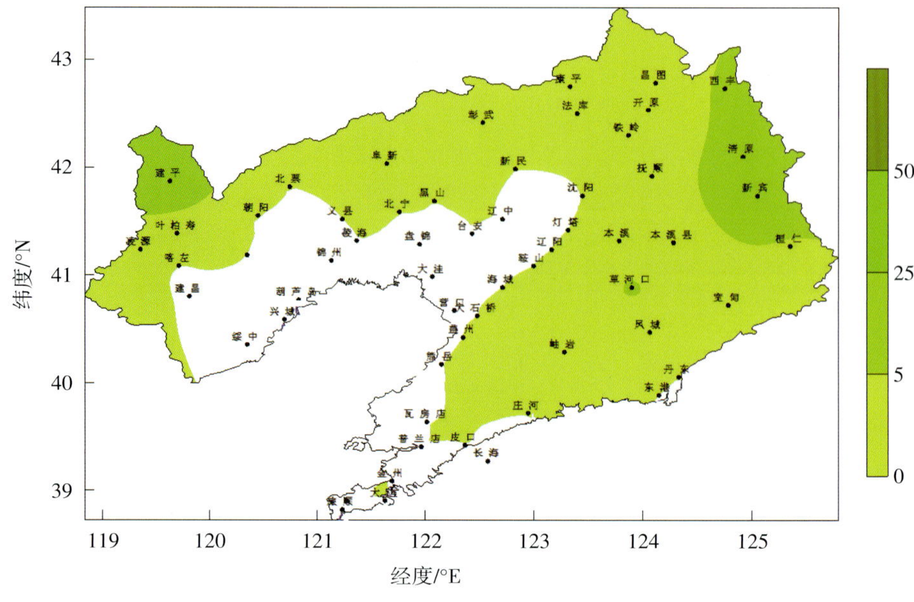

图7-1　水稻秧苗期低温发生频率分布

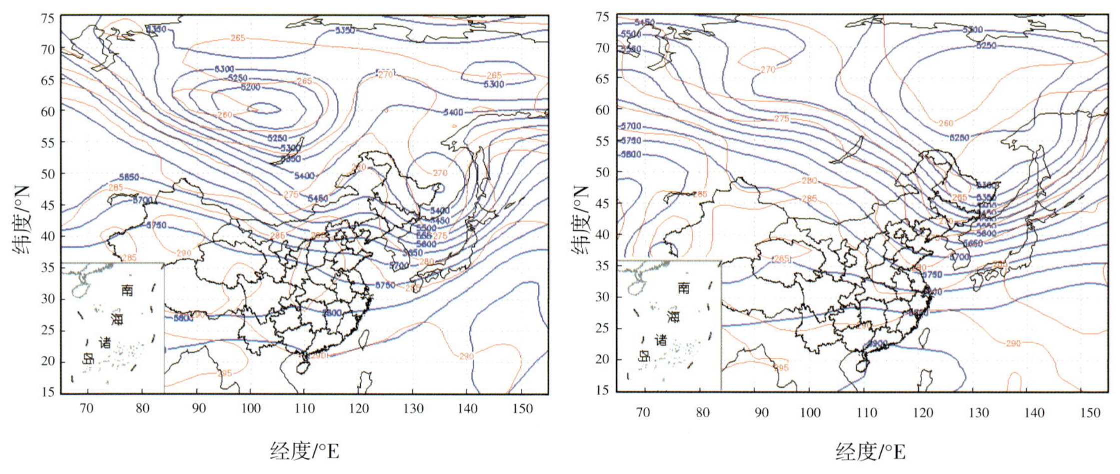

a. 水稻秧苗期低温冷涡型形势场　　b. 水稻秧苗期低温西北气流型形势场

蓝线为高度场，单位为hPa；红线为温度场，单位为K

图7-2　水稻秧苗期低温冷害天气形势场

7.1.3　水稻分蘖期低温预报预警天气型

6月10—30日为水稻主分蘖期，日平均气温低于12 ℃有29站次。主要分布在朝阳北部、抚顺东部、本溪地区，其中，建平出现的次数占总次数的30%（图7-3）。

造成水稻分蘖期低温的天气类型主要为冷涡型，有24站次，冷涡中心主要位于吉林省附近，中心气压为545 ~ 560 hPa，850 hPa温度场有280 ~ 290 K等温线通过辽宁省，影响的地区为辽宁东部地区，站点为清原、新宾、桓仁、草河口、宽甸、东港。其余5站次在850 hPa温度场中表现为低值且均在建平（图7-4）。

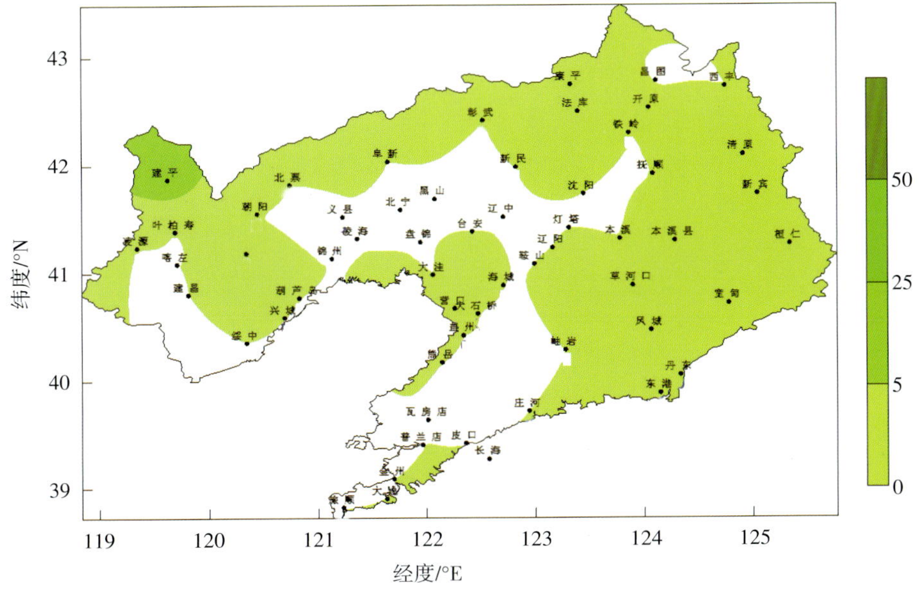

图7-3　水稻分蘖期低温发生频率分布

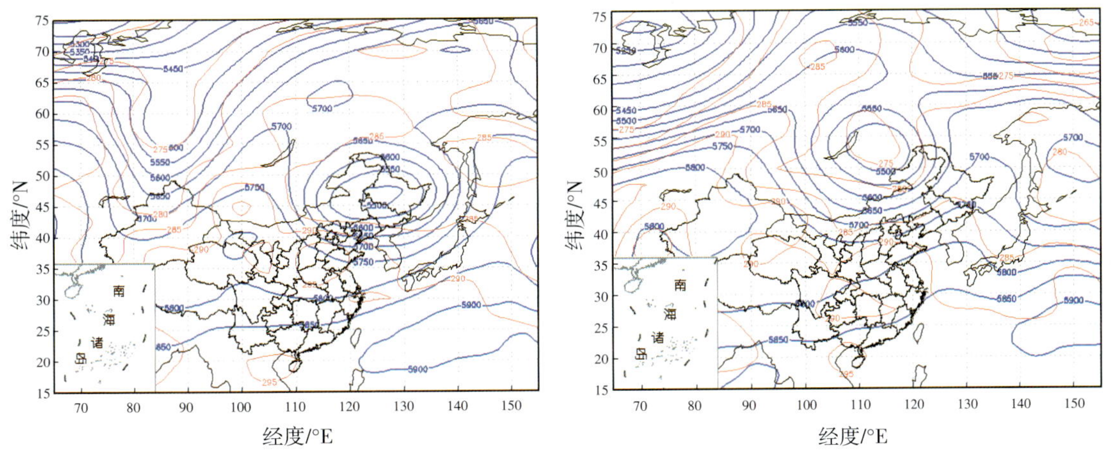

a. 水稻分蘖期低温冷涡型形势场　　　　b. 水稻分蘖期低温不典型形势场

蓝线为高度场，单位为hPa；红线为温度场，单位为K

图7-4　水稻分蘖期低温冷害天气形势场

7.1.4　水稻夏季低温预报预警天气型

7.1.4.1　水稻夏季轻度低温

7月1日至8月30日，连续3天最低气温小于17 ℃有828站次，以朝阳、阜新、铁岭东部、抚顺、本溪地区较为严重。

造成水稻夏季轻度低温的天气类型主要为西北气流型、冷涡型、两槽一脊型3种类型。其中，西北气流型最多为416站次，大概分成两类，一种为相对平直的西北气流，另外一种为弱脊引发的辽宁地区西北气流的产生（图7-5）。冷涡型次之有265站次，冷涡中心气压值多在545～570 hPa，850 hPa温度场中有285～290 K等温线通过辽宁省（图7-

6）。两槽一脊型较少为112站次，高压脊位于100～110°E；26站次500 hPa天气没有明显表现出导致低温天气的类型，但在850 hPa等温线中表现为低值，属于低层冷空气活动所致；9站次在500 hPa天气图和850 hPa温度场中都没有明显的表现，与局地、小尺度天气变化有关（图7-7）。

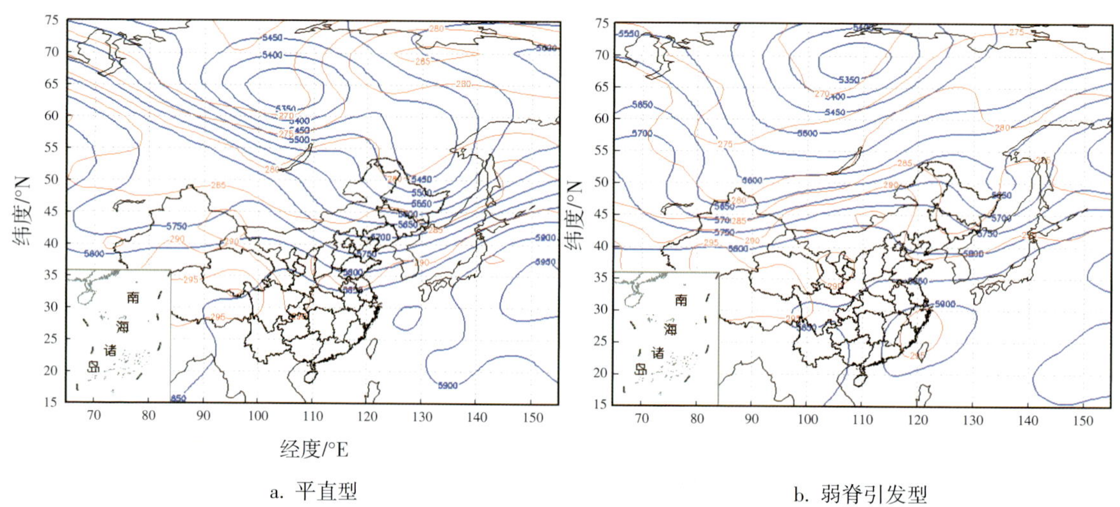

a. 平直型　　b. 弱脊引发型

图7-5　水稻夏季轻度低温西北气流型形势场

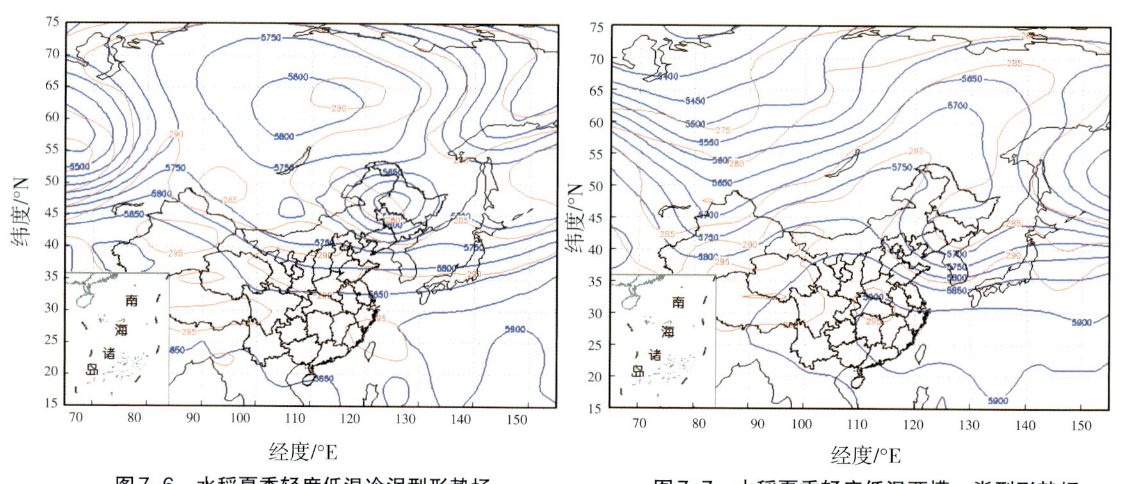

图7-6　水稻夏季轻度低温冷涡型形势场

图7-7　水稻夏季轻度低温两槽一脊型形势场

7.1.4.2　水稻夏季中度低温

7月1日至8月30日，连续4～5 d最低气温小于17 ℃有658站次。以朝阳西部、铁岭、抚顺、本溪地区较为严重。

造成水稻夏季中度低温的天气类型与轻度低温相似主要为冷涡型、西北气流型、两槽一脊型。其中西北气流型256站次；冷涡型215站次；两槽一脊型80站次；77站次在850 hPa等温线中表现为低值；其余30站次天气图中没有表现出明显的造成低温的天气形势，与局地、小尺度天气变化有关（图7-8）。

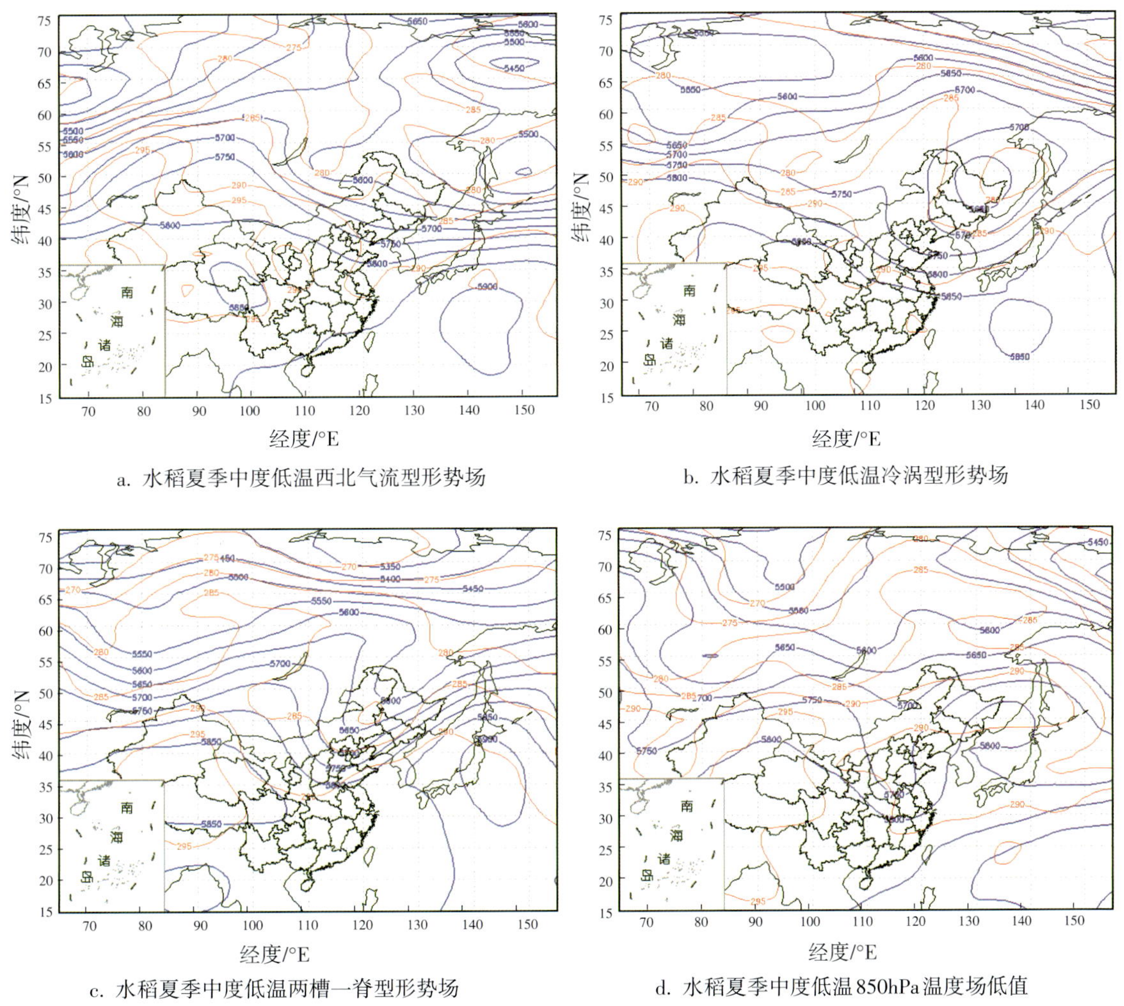

a. 水稻夏季中度低温西北气流型形势场

b. 水稻夏季中度低温冷涡型形势场

c. 水稻夏季中度低温两槽一脊型形势场

d. 水稻夏季中度低温850hPa温度场低值

图7-8 水稻夏季中度低温冷害天气形势场

7.1.4.3 水稻夏季重度低温

7月1日至8月30日，连续5 d和连续5 d以上最低气温小于17 ℃有430站次。分布在朝阳、阜新、沈阳、铁岭、抚顺、本溪地区，其中以朝阳、抚顺和西丰站比较严重。

造成水稻夏季重度低温的500 hPa天气形势场主要表现为冷涡型、西北气流型。其中西北气流型最多占184站次，冷涡型占153站次，有83站次在850 hPa等温线中表现为低值，10站次在形势场中没有表现出直接造成低温的典型天气类型（图7-9）。

通过对以上3组容易造成水稻夏季轻度、中度、重度低温冷害发生的大量天气个例进行分析，在易造成水稻夏季低温的冷涡型天气中，主要有以下几种：冷涡中心位于黑龙江省附近，这是冷涡类型频繁出现的一种，对辽宁省影响的范围比较大，除了南部地区；其次是冷涡中心位于辽宁省与吉林交界处，主要影响辽宁省北部、东部地区；还有就是冷涡中心位于内蒙古与辽宁省或与吉林省的交界，这种形势下主要影响辽宁省的东北部和西部地区。

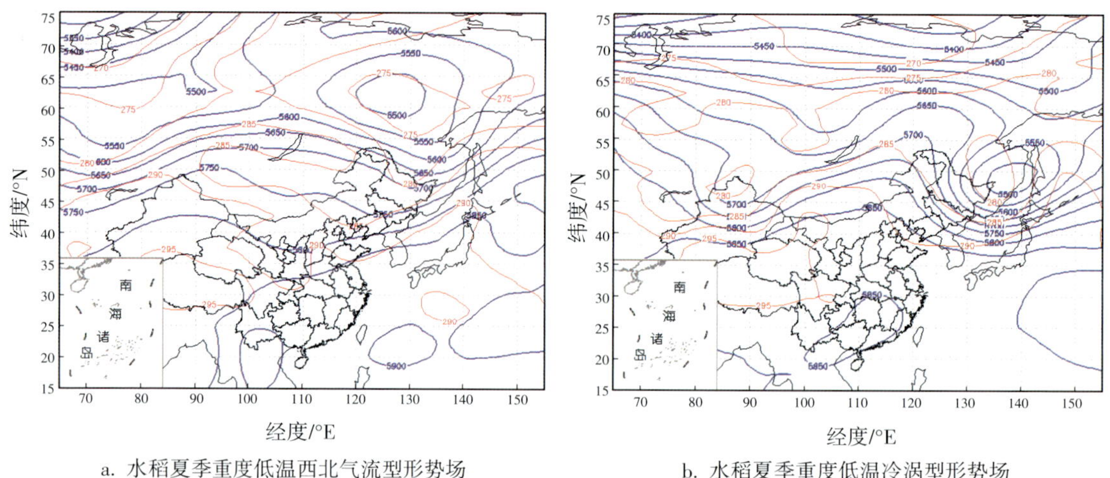

a. 水稻夏季重度低温西北气流型形势场　　b. 水稻夏季重度低温冷涡型形势场

图7-9　水稻夏季重度低温冷害天气形势场

在分析易造成水稻夏季低温冷害的形势场类型中，有部分个例没有表现出导致低温的明显天气类型，主要出现在建平、凌源、叶柏寿几个站点，分析表明，这与局地冷空气和地形因素有直接关系。

7.1.4.4　导致水稻低温冷害的天气型统计分析

分析表明，水稻分蘖低温全部为冷涡天气影响。水稻秧苗期低温，冷涡天气的影响要多于西北气流型，夏季西北气流型的影响较秧苗期增加。从水稻夏季轻度低温到中度低温的个例有所减少，西北气流影响比受冷涡天气影响的站次减少迅速，从表7-1中观察，冷涡天气引起的水稻夏季重度低温的概率比西北气流要大。两槽一脊天气类型主要引起水稻夏季轻度低温。

表7-1　导致水稻低温冷害的天气型统计

天气型	冷涡型	西北气流型	两槽一脊型
水稻秧苗	36	24	0
水稻分蘖	24	0	0
水稻夏季（轻）	265	416	112
水稻夏季（中）	215	256	80
水稻夏季（重）	153	184	0

7.2　玉米低温冷害预报预警天气分型

7.2.1　玉米播种期低温预报预警天气型

统计1981—2010年5 cm地温资料，历年4月15日至5月10日，5 cm地温小于7 ℃有

283站次。由于播种时期会根据具体温度选择最佳播种时间，所以不做容易出现玉米播种期低温地域分布的研究。对于选定日期之间的低温天气，划分天气类型，并分析哪种天气类型易于出现低温天气。结果表明，其中造成玉米播种期低温天气的西北气流型较多，有137例；冷涡型次之，为119例；平直锋区型较少，为25例。

7.2.2 玉米苗期低温预报预警天气型

7.2.2.1 玉米苗期轻度低温

5月11日至6月10日，最低气温低于5 ℃的站点有864站次，分布在全省大部地区，以朝阳西部、阜新、沈阳北部、铁岭、抚顺、本溪、丹东地区较为严重。

造成轻度玉米苗期低温的500 hPa天气形势场主要表现为西北气流型、冷涡型和两槽一脊型。其中西北气流型最多，为369站次；冷涡型次之，为278站次；两槽一脊型较少，为196站次；11站次500 hPa天气分型不明显，在850 hPa等温线中表现为低值；其余10站次大尺度天气形势没有明显表现，低温与小尺度、局地变化有关（图7-10）。

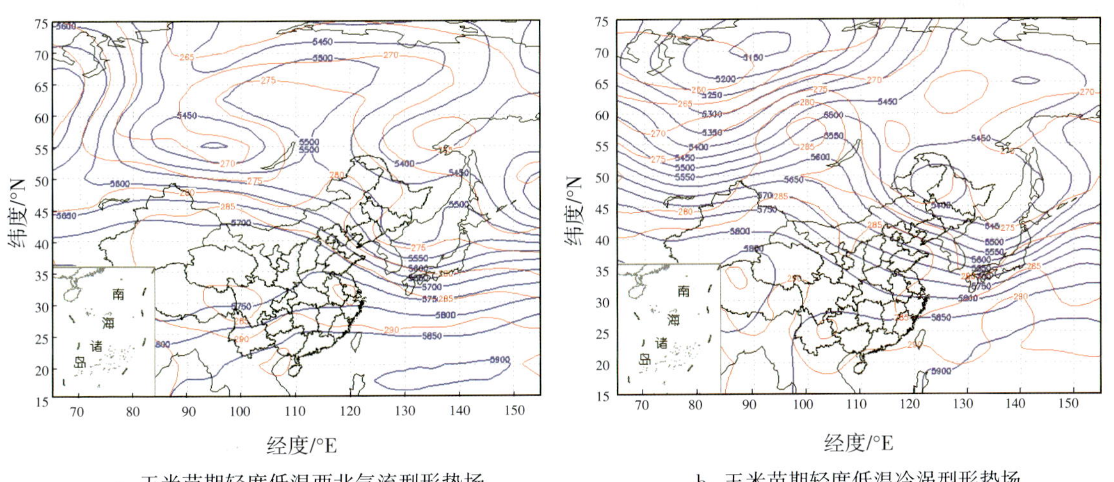

a. 玉米苗期轻度低温西北气流型形势场

b. 玉米苗期轻度低温冷涡型形势场

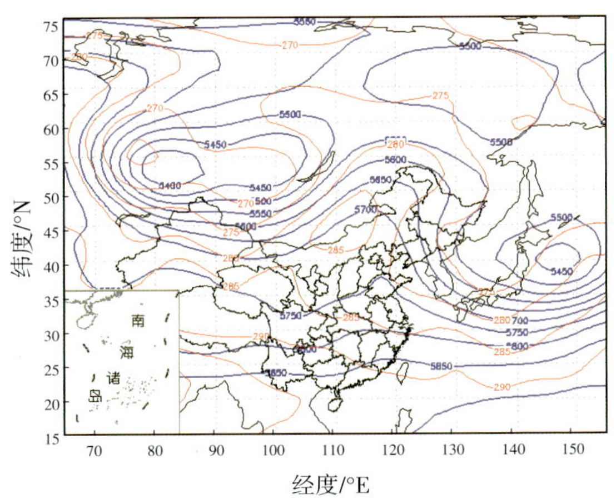

c. 玉米苗期轻度低温两槽一脊型形势场

图7-10 玉米苗期轻度低温冷害天气形势场

7.2.2.2　玉米苗期中度低温

5月11日至6月10日，最低气温低于2 ℃的站点有118站次，主要分布在朝阳、阜新、锦州北部、铁岭、抚顺、本溪、丹东地区，以抚顺、本溪地区及建平、西丰较为严重。

造成玉米苗期中度低温的500 hPa天气形势场主要表现为冷涡型、西北气流型和两槽一脊型。其中冷涡型49站次；西北气流型47站次；两槽一脊型21站次；1站次在850 hPa等温线中表现为低值（图7-11）。

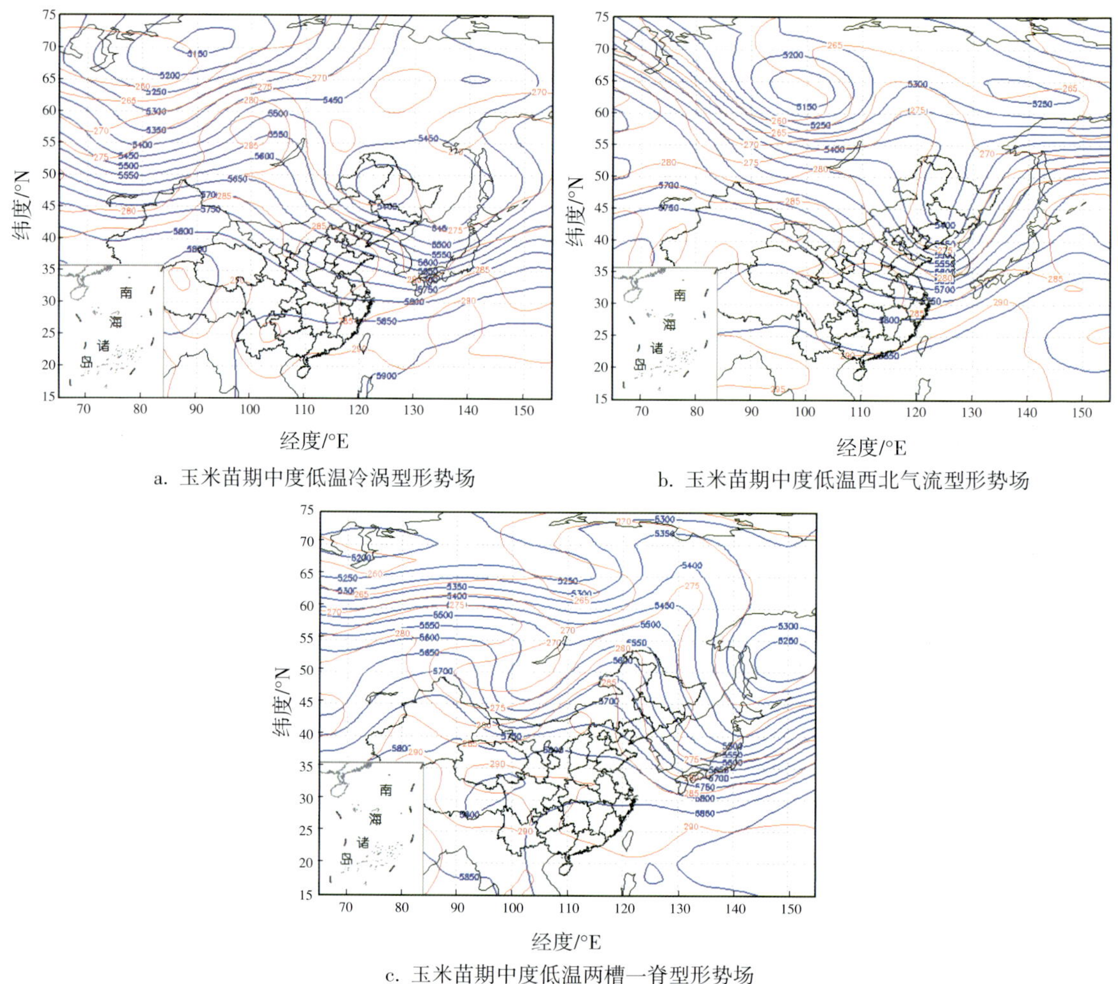

a. 玉米苗期中度低温冷涡型形势场

b. 玉米苗期中度低温西北气流型形势场

c. 玉米苗期中度低温两槽一脊型形势场

图7-11　玉米苗期中度低温冷害天气形势场

7.2.2.3　玉米苗期重度低温

5月11日至6月10日，最低气温低于-1 ℃的站点有6站次，主要在建平（4次）、草河口（1次）、新宾（1次）。

造成玉米苗期重度低温的500 hPa天气形势场主要表现为冷涡型、西北气流型。其中冷涡型较多，为4站次，占总站次的60%；西北气流型1站次；500 hPa无明显表现，850 hPa温度场低值1站次（图7-12）。

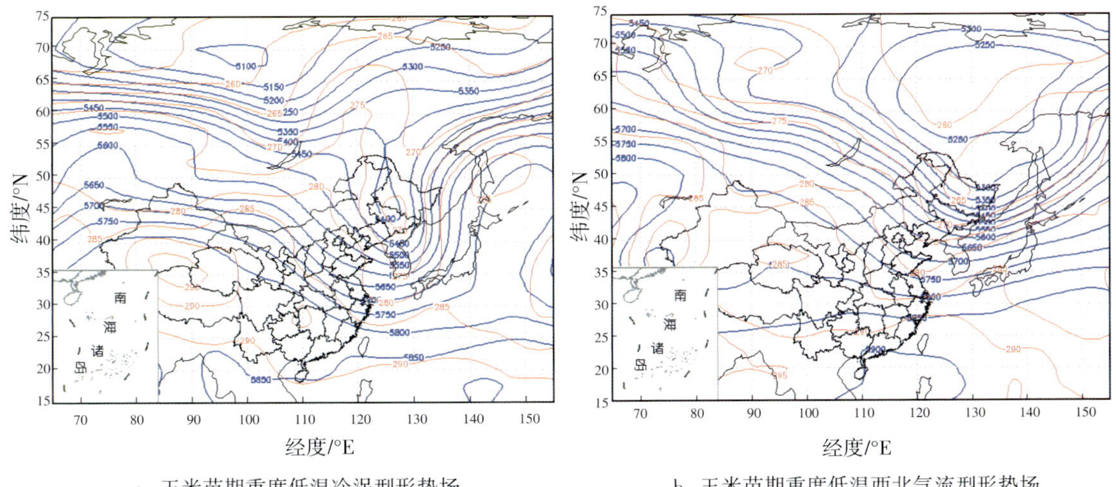

a. 玉米苗期重度低温冷涡型形势场　　b. 玉米苗期重度低温西北气流型形势场

图7-12　玉米苗期重度低温冷害天气形势场

对玉米苗期988个出现站点低温的个例进行分析，符合冷涡影响型的低温个例中，500 hPa冷涡中心大致有3种位置，其中多位于黑龙江省附近，主要影响辽宁省中部偏北地区；其次位于吉林、内蒙古地区附近，主要影响辽宁省西部地区；冷涡中心在辽宁省较少，影响的站点主要是建平、阜新、昌图、新宾、清原、宽甸。

7.2.3 玉米夏季低温预报预警天气型

6月15日至8月30日，平均气温小于17 ℃站次有737个。辽宁省均有发生，主要发生在朝阳西部、沈阳北部、铁岭、抚顺、本溪、丹东、鞍山南部、大连东部地区，比较严重的为东部地区和建平（图7-13）。

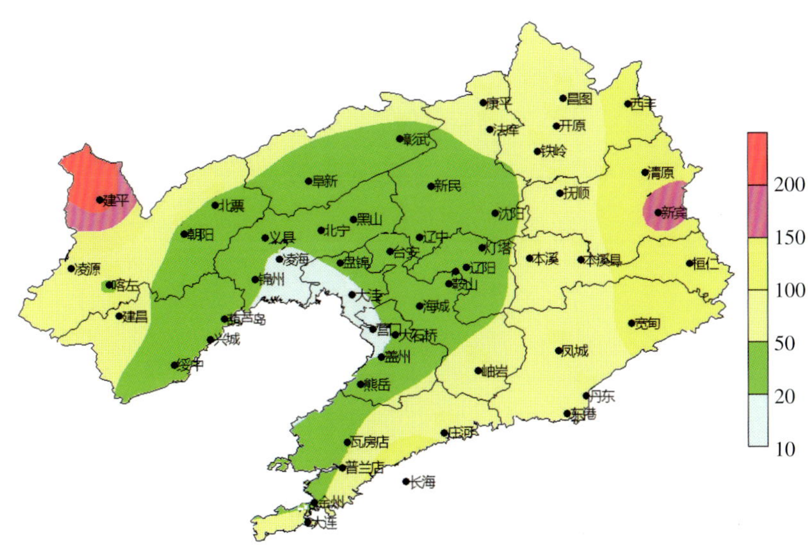

图7-13　辽宁省玉米夏季低温发生频次

对737个出现站次进行个例分析，造成玉米夏季低温的500 hPa天气形势场主要表现为冷涡型、西北气流型。其中冷涡型302站次，中心气压为545～560 hPa；西北气流型369站次；67站次在850 hPa低值表现为低值区，属于局地冷空气所致（图7-14）。

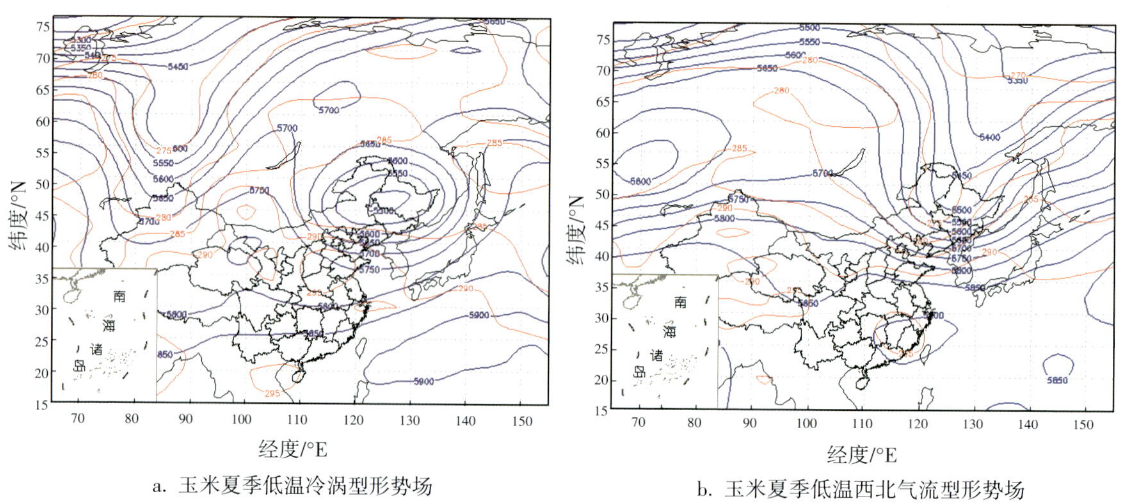

a. 玉米夏季低温冷涡型形势场

b. 玉米夏季低温西北气流型形势场

图7-14　玉米夏季低温冷害天气形势场

7.2.4　玉米低温冷害天气型影响分析

从玉米生长期低温冷害的分析中，可以总结出造成玉米苗期轻度低温的西北气流型较冷涡型多，中度低温则两种天气型相当，而重度低温以冷涡型为主，在玉米苗期低温由轻至重的过程之中，由两槽一脊型导致的低温迅速减少。在玉米夏季低温中，形势场只有冷涡型和西北气流型，没有出现两槽一脊型。以上研究也可看出两槽一脊形势的天气型影响的降温强度较弱，尤其是在玉米夏季低温冷害中（表7-2）。

表7-2　玉米低温冷害天气型统计

天气型	冷涡型	西北气流型	两槽一脊型
玉米苗期（轻）	278	369	196
玉米苗期（中）	49	47	21
玉米苗期（重）	4	1	0
玉米夏季	302	369	0

7.3　霜冻预报预警天气分型

辽宁省各地平均初霜日期多出现在9月下旬至10月下旬。辽宁省北部和东部地区出现较早，在9月下旬，其中以清原最早，平均为9月23日；黄海和渤海沿岸地区较晚，在10

月中旬和下旬（大连出现最晚，为10月30日）；其他地区大多在10月上旬。图7-15为辽宁省近50年初霜冻平均出现日期分布（9月为基数，加上对应的数字即为日期）。

计算30年每年每站作物生长后期日最低气温首次低于2 ℃的日期，对初霜冻天气进行分型。分析表明，满足符合西北气流型822站次，平直锋区型359站次，两槽一脊型339站次，冷涡型200站次，其余为小尺度或局地降温。初霜冻主要由西北气流型引起。

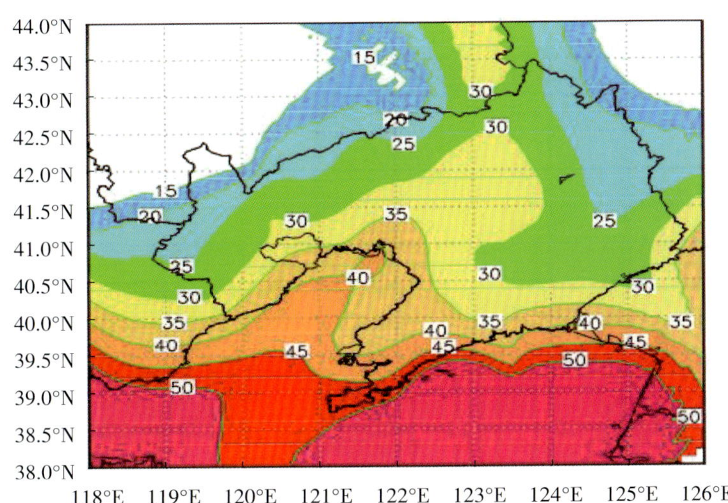

图7-15 辽宁近50年初霜冻平均出现日期分布

7.4 结合数值预报的气温客观预报方法

7.4.1 数值预报来源

主要参考WRF模式每天08时和20时的预报。08时的预报，用前1天20时的预报结果，20时的预报用当天08时的预报结果。

所需因子：T_{850}（12 h 1次），云量（3 h 1次），$\triangle T_{24-850}$（24 h 1次），$\triangle P_{24}$（24 h 1次），有无降水（24 h 1次），RH_{850}（12 h 1次），东西风分量$_{10\,m}$（3 h 1次），T_{2m}（3 h 1次）。

需要的要素：T_{850}，云量，PS，RH_{850}，有无降水，东西风分量$_{10\,m}$，$T_{2\,m}$。

7.4.2 预报流程

7.4.2.1 下载资料

解压资料并进行站点插值，由于每个要素的预报间隔时间是不同的，首先用T_{2m}的预报计算出最低和最高温出现的时间，然后尽量选取出现时间的各个因子的预报值，来作为最低和最高温的因子。每次生成当时时刻的24、48、72 h时效的3个最低和最高气温的6个因子文件。

7.4.2.2　用kalman滤波方法来做最低和最高气温的客观预报方法

本步骤需要提供的数据为前一时刻的实况和预报因子，以及这一时刻的预报因子。

时间文件的第一个时间为前一时次的时间，第二个为前一时间对应的实况的时间，第三个时间为当前预报实际用的预报时间，第四个时间为当前预报的起始时间。预报的时效可以用这个文件来调整。做多少时效的预报，实况和前一时次的时间就要差多少时效。对于没有实况或不参与评定的站点，用WRF本身的最低和最高气温的预报值代替。

图7-16为应用卡尔曼滤波方法的流程框图。

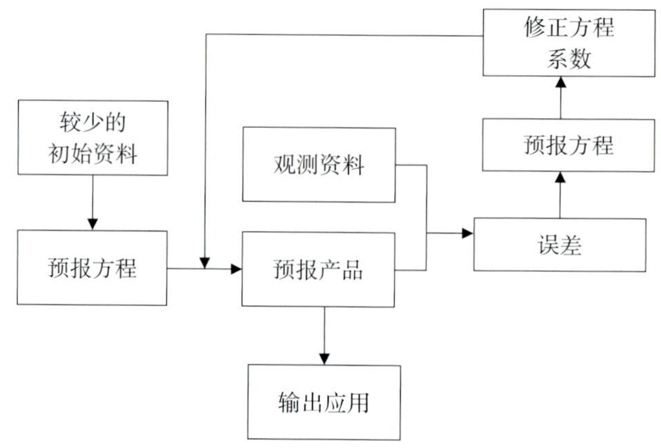

图7-16　应用卡尔曼滤波方法的流程框图

7.4.3　气温客观预报方法确定与Kalman filter原理

用Kalman filter原理做气温的要素的预报。根据滤波的基本思想，卡尔曼滤波可以用于处理一系列带有误差的预报值而得到它的最佳估算值，这对提高预报精度具有重要的现实意义。卡尔曼滤波方法通过利用前一时刻预报误差反馈到原来的预报方程，及时修正预报方程系数，以此提高下一时刻的预报精度，这是卡尔曼滤波方法用于低温冷害和霜冻气温预报的气象意义。而MOS方程一旦建立之后，在制作预报过程中，预报误差不能反馈到MOS方程中，更不能修正方程系数，这就是这两种方法的重要区别之一。

递推滤波可用于解决如何利用前一时刻预报误差来及时修正预报方程系数这一问题。滤波对象假定是离散时间线性动态系统，并认为天气预报对象是具有这种特征的动态系统，可用以下两组方程来描述：

$$Y_t=X_t\beta_t+e_t \tag{7-1}$$

$$\beta_t=\beta_{t-1}+\varepsilon_{t-1} \tag{7-2}$$

式（7–1）为预报方程，e_t为量测噪声，是n维随机向量；Y_t是n维量测变量（预报量），可用下式表示：$Y_t=[y_1,\ y_2,\ \cdots,\ y_n]_t^{\mathrm{T}}$，$X_t$是$n\times m$维的预报因子矩阵，$\beta_t$是$m$维回归系数。在递推滤波方法中，将$\beta_t$作为状态向量，它是变化的，用状态方程式（7–2）来描述其变化。式（7–2）中ε_{t-1}是动态噪声。

用上述两方程来描述离散时间的线性动态系统。具有这种特征的天气预报对象所关心的是它的状态向量的变化。根据上述对ε_{t-1}和e_t的假定，运用广义最小二乘法，可以得到一组递推滤波公式，这一组公式组成了递推滤波系统。

$$Y_t=X_t\beta_{t-1} \tag{7-3}$$

$$R_t=C_{t-1}+W \tag{7-4}$$

$$\sigma_t=X_t R_t X_t^T \tag{7-5}$$

$$A_t=R_t X_t^T\sigma_t^{-1} \tag{7-6}$$

$$\beta_t=\beta_{t-1}+At\ (Yt-Y_t) \tag{7-7}$$

$$C_t=R_t-A_t\ \sigma A_t^T \tag{7-8}$$

每加进一次新的量测（Y_t，X_t），只需利用已算出的前一次滤波值β_{t-1}和滤波误差方差阵C_{t-1}，便可算出新的状态滤波值β_t和新的滤波误差方差阵C_t，就能通过公式得到t+1时刻的预报值，满足了应用滤波的实时性要求。

7.4.4 递推滤波系统的参数计算

分析上面的一组递推公式可以得知，β_t C_t，W，V是重要参数，在确定这4个参数的基础上，利用数值模式提供的预报因子X_t、前一次预报量及其观测值，才能通过更新预报方程系数制作预报。

7.4.4.1 递推系统参数初值的计算

要反复运算上述6个公式来实现递推过程，必须首先确定初值β_0，C_0。通常采用以下客观方法：β_0的确定；C_0的确定。通过回归方程计算出两个时刻的β_0。

7.4.4.2 递推系统参数 W，V的计算

W，V分别是动态噪声和量测噪声的方差阵，可以假定随机扰动的特性不随时间变化，但是，必须在应用上述递推系统之前确定。

W的确定：根据白噪音的假定，W的非对角线元素均为0。

$$W=\begin{bmatrix} w_1 & \cdots & \cdots & 0 \\ 0 & w_2 & \cdots & 0 \\ \vdots & \vdots & \vdots & \vdots \\ 0 & 0 & \cdots & w_m \end{bmatrix} \tag{7-9}$$

$$W\approx\begin{bmatrix} {(\Delta\beta_1)^2}/{\Delta T} & 0 & 0 \\ 0 & {(\Delta\beta_2)^2}/{\Delta T} & 0 \\ 0 & 0 & {(\Delta\beta_3)^2}/{\Delta T} \end{bmatrix} \tag{7-10}$$

C_0是β_0的误差方差阵，C_0取为零方阵。

V的确定：根据白噪音的假定，V的非对角线元素均为0：

$$V=\begin{bmatrix} V_1 & \cdots & \cdots & 0 \\ 0 & V_2 & \cdots & 0 \\ \vdots & \vdots & \vdots & \vdots \\ 0 & 0 & \cdots & V_n \end{bmatrix} \tag{7-11}$$

利用样本资料对预报量Y的n分量（y_1，y_2，…，y_n）建立回归方程后，可以求出n个残差（q_1，q_2，…，q_n），从回归分析得知：

$$q_i=\sum_{t=1}^{k}(y_{it}-\hat{y}_{it})^2 \tag{7-12}$$

$q_1/$（$k-m-1$），$q_2/$（$k-m-1$），…，$q_n/$（$k-m-1$）

分别为v_1，v_2，…，v_n的无偏估计值，其中k是样本容量，m是因子个数，必须$k>m+1$，因此有：

$$V=\begin{bmatrix} \frac{q_1}{k-m-1} & \cdots & \cdots & 0 \\ 0 & \frac{q_2}{k-m-1} & \cdots & 0 \\ \vdots & \vdots & \vdots & \vdots \\ 0 & 0 & \cdots & \frac{q_n}{k-m-1} \end{bmatrix} \tag{7-13}$$

我们只要用少量的量测（X_t，Y_t）样本资料，就能得到这4个递推系统参数β_0，C_0，W，V。

7.4.4.3 递推过程中的参数计算

系数的更新原理是在已知前一时刻（t-1）的系数β_{t-1}的基础上加上订正项，获取订正项构成了递推的主要过程。

除了预报误差对方程系数更新有重要影响外，预报因子质量也是最重要的因素之一。

应用递推系统的过程是每增加一次新的量测X_t和Y_t时，利用W，V，前一次的系数β_{t-1}及其误差C_{t-1}就可推算下一时刻的β_t和C_t，同时又做了要素预报，如此反复循环进行（图7-17、图7-18）。

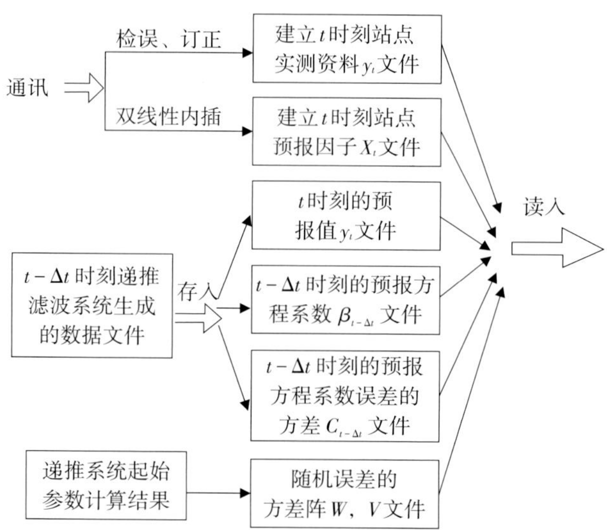

图7-17 预报方法业务流程——建立数据文件

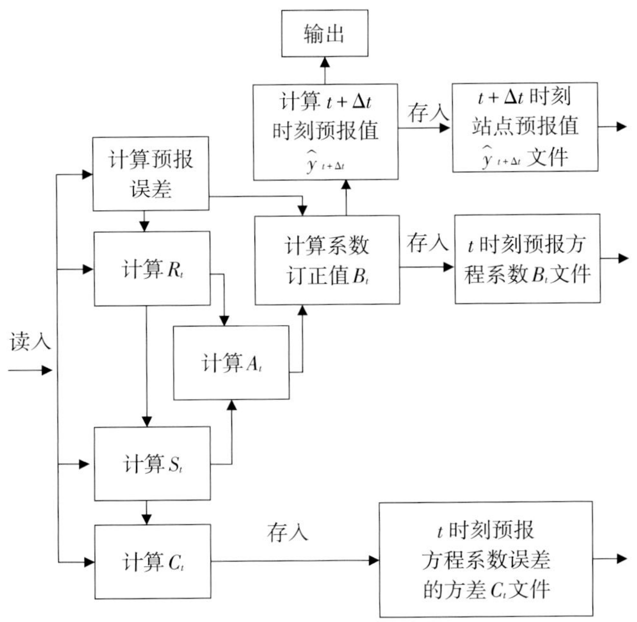

图7-18 预报方法业务流程——递推系统计算流程

主要农业气象灾害监测预警服务系统

系统主要利用c#.net和ARCGIS ENGINE编程语言，基于基本气象数据、作物发育期数据、气象要素预报数据等多源数据，对干旱、低温冷害等农业气象灾害进行风险评估、发生情况监测评估及预报预警，提供高效、使用简便的客户端界面，为用户提供数据分析、查询、浏览等功能一体化的软件系统，为主要农业气象灾害监测、评估及预警服务提供信息平台。

8.1　系统总体结构

综合考虑业务系统的需求及应用功能，系统采用3层的分布式客户/服务器应用程序的体系结构设计，把系统的功能按需求在逻辑上划分为3个服务层，即数据服务层、业务逻辑层、用户表达层。数据服务层主要是各种空间地理数据、基本气象数据、农业气象数据、经济统计数据，空间地理数据采用ARCGIS GEO-DATABASE进行管理，基本气象数据、农业气象数据采用Microsoft SQL Server 2005软件平台，通过建立灾害监测评估预警系统相关的数据库设备、数据库表、视图、触发器、存贮进程、自定义数据类型等数据库对象进行管理。业务逻辑层通过开发数据访问控件、区域分区控件、离散点文本文件转换为矢量文件控件、错误保护及提示控件等，实现数据的管理、分析、表达功能。用户表达层定位于客户和系统的交互，采用基于窗体的客户端，实现数据的显示与分析。如图8-1所示。

8.2　系统运行环境

系统运行环境要求：Windows Server 2003标准版、Windows Server 2003企业版、Windows XP sp3等，推荐Windows Server 2003企业版。

处理器：最低2 GHz，推荐4 GHz及以上。

内存：最低2 GB，推荐4 GB。

硬盘：最低需求200 GB。

.net框架：.net FrameWork3.5。

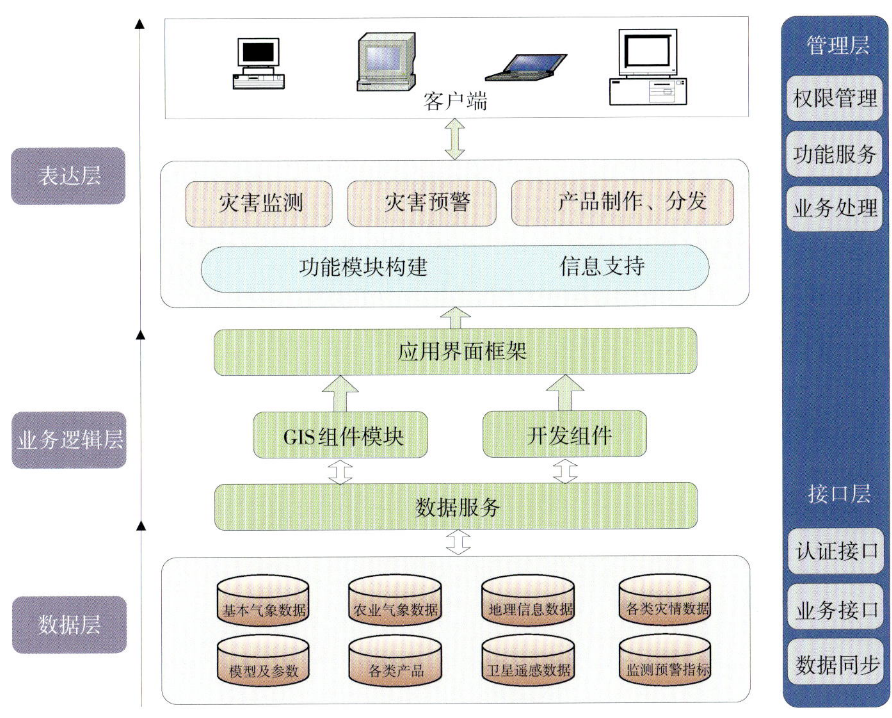

图8-1 系统结构

ArcGis：ArcGisRuntime9.2，安装完成后注册。

数据库：Microsoft SQL Server 2005。

8.3 系统流程

利用地面观测资料、农业气象资料及灾害指标进行低温冷害、霜冻及干旱灾害监测，可根据用户需求对监测区进行灾害监测指标设置，依托GIS平台实现灾害监测、风险评估及灾害等级划分，并实现监测评估结果与地理信息之间在空间上的相关性查询和分析功能；利用灾害监测初始场数据，根据灾害预测模型进行灾害预测，系统处理流程图见图8-2。

8.4 系统主要功能

从数据处理、监测、预报预警及评估等方面考虑系统功能，利用地面常规观测资料和作物发育期资料，依托GIS技术，实现以玉米、水稻为主要作物的低温冷害、霜冻、干旱等灾害的动态监测、评估及预测，从空间地理角度进行对象表达、计算和分析，主要功能见图8-3。

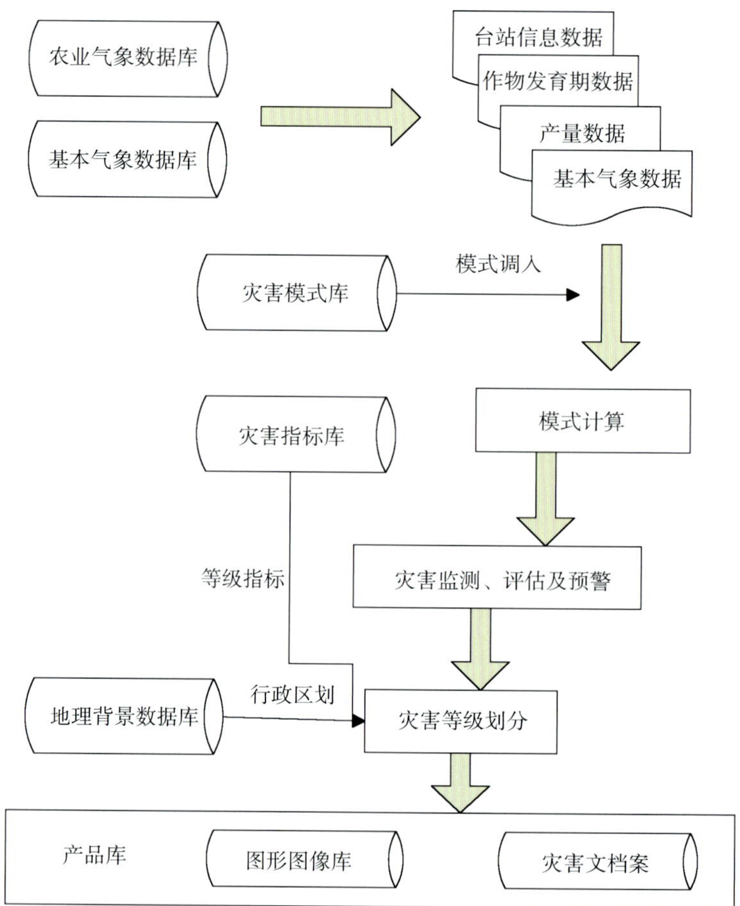

图8-2 数据流程

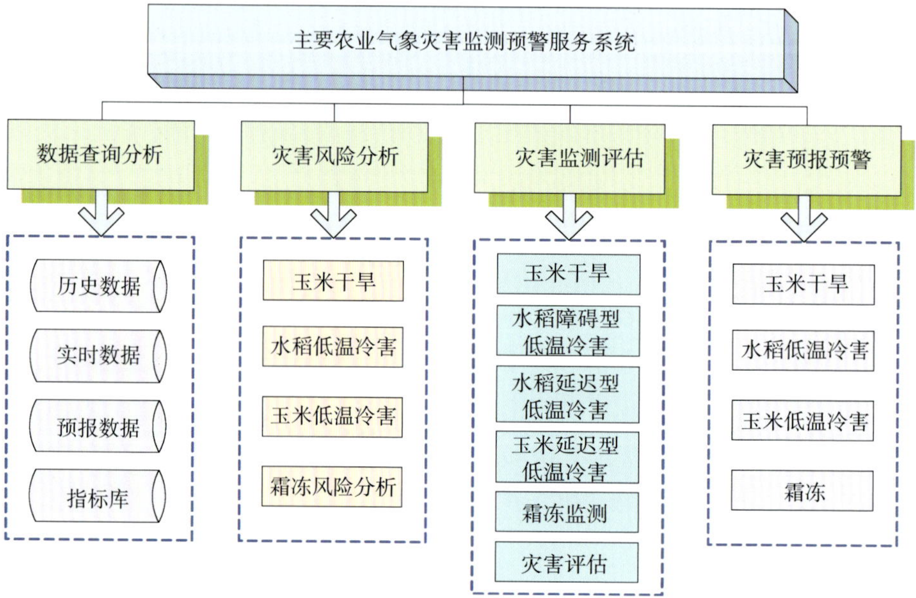

图8-3 系统功能划分

8.4.1 数据采集分析

数据采集主要包括跨数据库数据采集和现有数据表数据采集两种方式。跨数据库数据采集可以将现有数据库的库表数据直接导入本数据库中，导入时需要对应表的库表设计完全一致。现有数据表数据采集，是利用系统提供界面，进行各种类型数据的录入，录入时按照数据库表的设计要求进行数据文件排列与设置，见图8-4。录入数据主要包括日、旬、月、季、年等基本气象数据和作物发育期数据等。

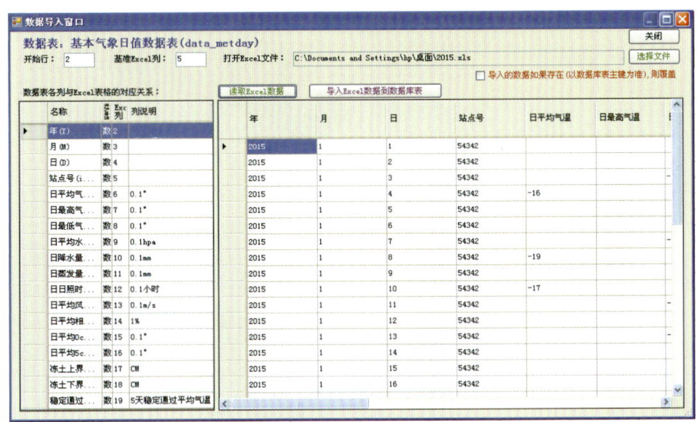

图8-4 数据采集

8.4.2 灾害风险评估

灾害风险评估主要包括玉米低温冷害评估、水稻低温冷害评估、霜冻评估及干旱评估，基于基本气象数据、作物发育期数据及产量数据，从危险性、暴露性及脆弱性3方面进行灾害评估。数据结果以站点列表形式显示，见图8-5。根据地图显示功能对数据结果进行栅格化处理分析，见图8-6。

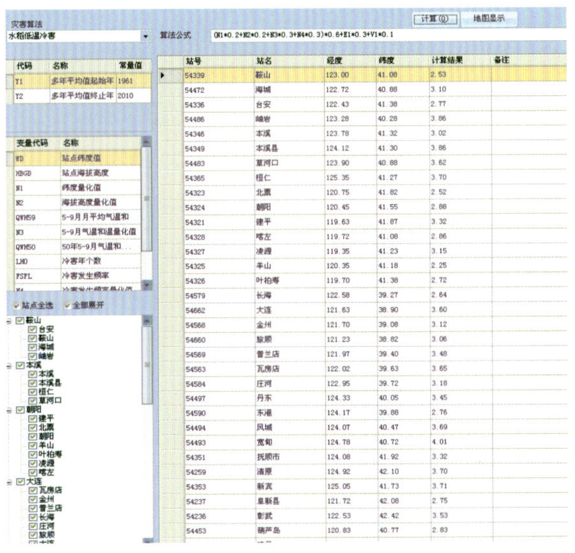

图8-5 数据结果界面

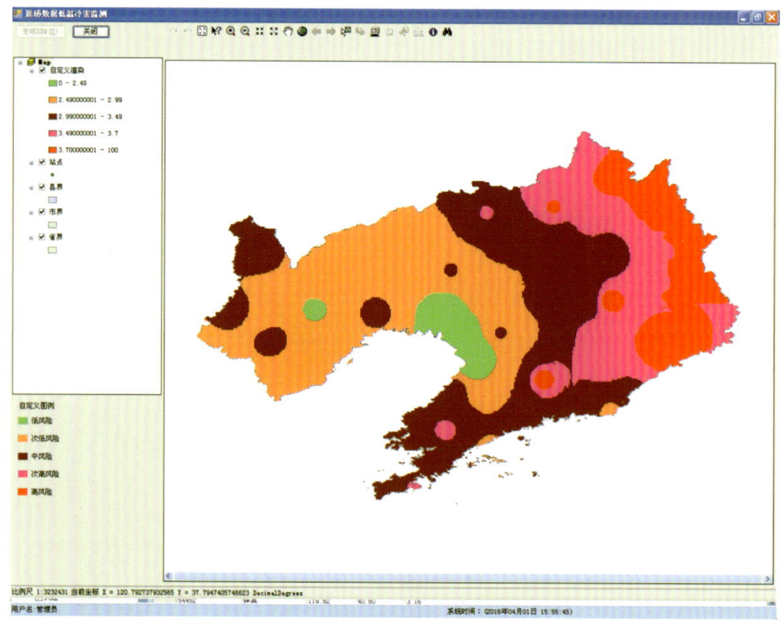

图8-6　数据结果栅格化分析结果

8.4.3　灾害监测评估

灾害监测评估主要包括水稻障碍型低温冷害、水稻延迟型低温冷害、玉米延迟型低温冷害和玉米干旱4类灾害监测评估。水稻障碍型低温冷害监测主要分为孕穗期冷害和开花期冷害2个时段；水稻延迟型低温冷害利用5—9月平均气温和分3个等级进行监测；玉米延迟型低温冷害主要包括年度低温冷害、发育期差、积温差等方法；玉米干旱采用水分适宜度方法，分播种—出苗、出苗—七叶、七叶—拔节、拔节—抽雄、抽雄—乳熟及乳熟—成熟6个发育阶段进行监测评估。

8.4.4　灾害预报预警

主要分为辽宁省基本农业气象灾害及天气学分型知识库、精细到1 038个乡镇的气温、降水预报动态预警两部分（图8-7～图8-9）。

知识库部分对低温冷害、干旱、霜冻3种气象灾害相关知识、发生指标及在辽宁省分布情况、发生规律介绍，还包括常见农业气象灾害的天气学分型研究，根据天气形势判断是否降温、降温幅度、影响位置等，在不同的时间段提出容易出现的农业灾害情况，供农业气象服务时随时参考。

精细化到乡镇的动态预警平台主要分为4个界面，分别为霜冻、干旱和水稻低温冷害、玉米低温冷害界面，4个界面采用不同的底色模板，易于区分也比较美观。预警动态显示在辽宁地图网页上，当预报结果符合农业气象灾害发生标准时网页会自动出现分别针对水稻、玉米各生长期低温冷害、霜冻、干旱的预警图标，并在不同生长期中有不同颜色的色标圈表示的轻度、中度、重度分级。

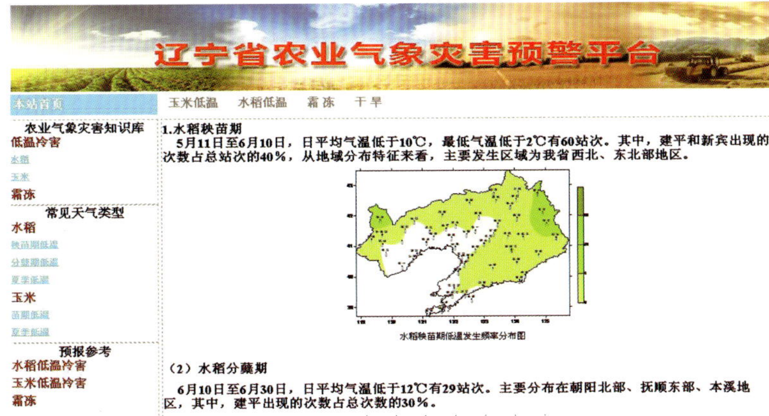

图8-7　农业气象灾害预警平台知识库部分

图8-8　农业气象灾害预警平台动态预警部分（国家自动站）

图8-9　农业气象灾害预警平台动态预警部分（精细到乡镇自动站）

8.4.5　灾害模型设置

灾害模型设置包括算法设置和数据库表设置。算法设置可以在此添加模型来自定义新的算法，也可以对现有算法进行修改、删除，便于用户在使用过程中对灾害监测模型的扩充与修改，见图8-10。数据库表设置，与算法设置相关联，在用户进行新的算法添加时，如果利用的基础数据或者指标数据再现有的数据库中没有，用户利用此功能可设计新的数据库表，见图8-11。

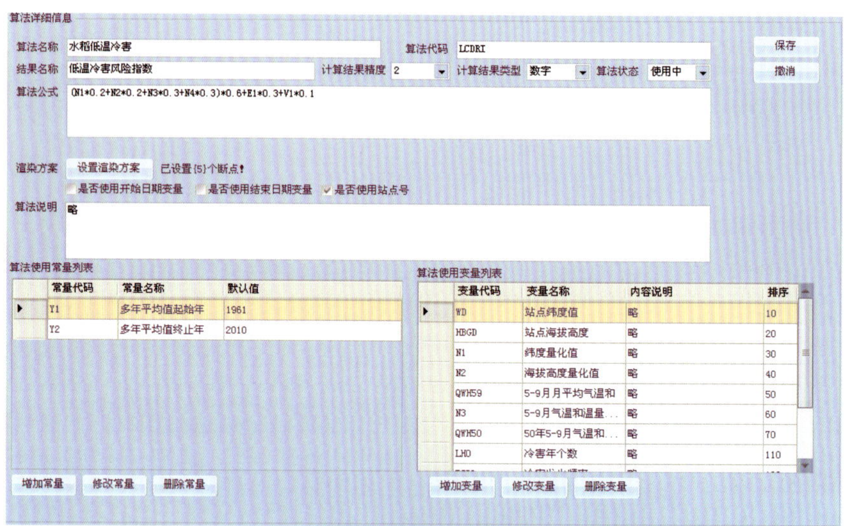

图8-10　灾害模型设置

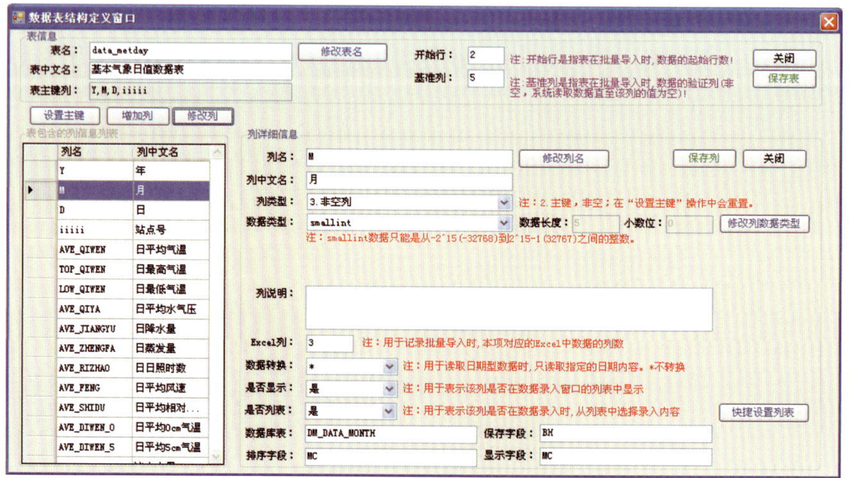

图8-11　数据库表设置

附录　辽宁省农业气象灾害预警平台站点信息表

序号	纬度/N	经度/E	高度/m	站名
1	4139	12331	83	沈阳东陵桃仙
2	4139	12337	75.1	沈阳东陵李相
3	4147	12339	75.1	沈阳东陵深井子
4	4141	12325	47	沈阳东陵白塔堡
5	4141	12341	91.1	沈阳东陵祝家屯
6	4143	12345	118.1	沈阳东陵王宾沟
7	4233	12325	93.5	法库孟家乡
8	4233	12335	100.6	法库柏家沟镇
9	4221	12301	70	法库秀水河镇
10	4219	12320	80.5	法库大孤家子镇
11	4212	12322	45	法库依牛堡乡
12	4225	12324	85	法库十间房乡
13	4230	12311	86	法库四家子乡
14	4224	12311	83	法库双台子乡
15	4233	12336	91	法库和平乡
16	4231	12303	92	法库卧牛石乡
17	4227	12317	73.1	法库五台子乡
18	4220	12311	78.9	法库丁家房镇
19	4229	12333	142.3	法库叶茂台镇
20	4218	12304	51.2	法库登士堡子镇
21	4212	12318	56.5	法库三面船镇
22	4233	12320	134	法库慈恩寺乡
23	4229	12257	83	法库包家屯乡
24	4219	12327	85	法库冯贝堡乡
25	4256	12323	110	康平海洲乡
26	4256	12332	84	康平北三家子

续表

序号	纬度/N	经度/E	高度/m	站名
27	4252	12327	85	康平北四家子乡
28	4241	12329	100.5	康平郝官屯镇
29	4234	12310	80.3	康平西关乡
30	4253	12313	149.8	康平小城子镇
31	4246	12329	87.3	康平两家子乡
32	4246	12309	143	康平二牛所口镇
33	4240	12253	99.8	康平沙金台乡
34	4242	12321	120.3	康平东关屯乡
35	4238	12314	129.6	康平方家屯镇
36	4242	12301	110.7	康平张强镇
37	4239	12309	127.1	康平东升乡
38	4237	12258	107.5	康平柳树屯乡
39	4139	12305	26.8	辽中细河彰驿站镇
40	4140	12239	20.9	辽中老大房乡
41	4134	12246	22	辽中县辽中镇
42	4142	12238	24	辽中大黑岗子乡
43	4124	12259	25	辽中杨士岗镇
44	4130	12252	16	辽中茨榆坨镇
45	4114	12238	8	辽中于家房镇
46	4136	12238	20	辽中满都户镇
47	4136	12251	14	辽中潘家堡镇
48	4130	12247	19	辽中冷子堡镇
49	4139	12252	27.6	辽中刘二堡镇
50	4138	12303	30.2	辽中细河新民屯镇
51	4135	12245	21	辽中养士堡镇
52	4133	12231	22.5	辽中牛心坨乡
53	4135	12258	25.4	辽中细河四方台镇
54	4133	12302	24	辽中细河长滩镇
55	4127	12251	16.1	辽中肖寨门镇

续表

序号	纬度/N	经度/E	高度/m	站名
56	4127	12241	16	辽中六间房镇
57	4124	12246	7.2	辽中老观坨镇
58	4121	12240	9	辽中朱家房镇
59	4141	12305	29	辽中细河高花镇
60	4201	12322	41	沈阳沈北新区尹家乡
61	4203	12320	42	沈阳沈北新区兴隆台镇
62	4201	12338	100	沈阳沈北新区马刚乡
63	4207	12330	44	沈阳沈北新区黄家乡
64	4207	12335	47	沈阳沈北新区石佛寺乡
65	4201	12336	88	沈阳沈北新区清水台镇
66	4157	12336	81.2	沈阳沈北新区蒲河新城
67	4156	12331	57.5	沈阳沈北新区虎石台镇
68	4143	12328	48.9	沈阳市区沈阳市气象局
69	4149	12334	107.1	沈阳市区农业大学
70	4144	12327	52.3	沈阳市区奥体中心
71	4144	12328	55	沈阳市区浑南一小
72	4135	12308	26.3	沈阳苏家屯永乐乡
73	4132	12337	89.2	沈阳苏家屯姚千户屯镇
74	4137	12310	25	沈阳苏家屯王纲堡乡
75	4131	12321	40.2	沈阳苏家屯十里河镇
76	4134	12331	39	沈阳苏家屯陈相屯镇
77	4137	12318	41	沈阳苏家屯八一镇
78	4133	12324	56.6	沈阳苏家屯佟沟乡
79	4136	12321	45.4	沈阳苏家屯林盛堡镇
80	4135	12324	47.2	沈阳苏家屯沙河铺镇
81	4133	12341	114	沈阳苏家屯白清寨乡
82	4133	12318	35.7	沈阳苏家屯红菱堡镇
83	4129	12326	53	沈阳苏家屯大沟乡
84	4211	12307	50.3	新民东蛇山乡

续表

序号	纬度/N	经度/E	高度/m	站名
85	4209	12250	52.1	新民大柳屯镇
86	4202	12242	45.4	新民梁山镇
87	4159	12304	30	新民兴隆堡镇
88	4153	12240	30.3	新民大红旗镇
89	4149	12260	36.4	新民张屯乡
90	4209	12235	45.1	新民周坨子乡
91	4147	12241	32.6	新民金五台乡
92	4214	12257	59.2	新民新农乡
93	4213	12242	58.1	新民于家窝乡堡
94	4211	12311	45.5	新民陶屯乡
95	4210	12300	46.3	新民公主屯镇
96	4203	12313	56.1	新民罗家房乡
97	4203	12228	53.4	新民姚堡乡
98	4204	12252	39.3	新民高台子乡
99	4158	12237	40.5	新民卢屯乡
100	4155	12304	34.2	新民兴隆堡镇
101	4156	12243	40.1	新民柳河沟镇
102	4153	12229	52.6	新民红旗乡
103	4147	12308	42.1	新民胡台镇
104	4147	12252	29.7	新民前当堡镇
105	4147	12305	48.1	新民法哈牛镇
106	4152	12257	22.1	新民大民屯镇
107	4205	12307	42.4	新民三道岗子乡
108	4157	12309	52.3	沈阳于洪光辉乡
109	4147	12318	49.1	沈阳于洪56中学
110	4148	12319	44.7	沈阳于洪苗圃
111	3959	12320	74	庄河鞍子山乡
112	3944	12240	65	庄河城山镇
113	3952	12305	34	庄河大营子镇

续表

序号	纬度/N	经度/E	高度/m	站名
114	3940	12248	35	庄河大郑镇
115	3958	12313	39	庄河高岭
116	3945	12245	50	庄河光明山镇
117	3954	12234	93	庄河桂云花乡
118	3950	12233	95	庄河荷花山镇
119	4001	12235	111	庄河桂花香横道河
120	3944	12326	28	庄河栗子房镇
121	3950	12324	13	庄河栗子房镇兴隆岗
122	3951	12313	31	庄河青堆子镇
123	3956	12253	78	庄河蓉花山镇
124	4002	12306	99	庄河塔岭镇
125	3952	12257	130	庄河太平岭乡
126	3947	12305	25	庄河吴炉镇
127	3959	12258	39	庄河仙人洞镇冰峪沟
128	4006	12255	172	庄河仙人洞镇
129	3952	12239	137	庄河长岭镇
130	3937	12258	5	庄河庄河港
131	3944	12302	7	庄河兰店乡
132	3945	12260	58	庄河徐岭镇
133	3947	12131	42.6	瓦房店红沿河镇
134	3944	12143	26.3	瓦房店复州城镇
135	3939	12149	64.4	瓦房店老虎屯镇
136	4002	12159	31	瓦房店李官镇
137	3932	12142	21.4	瓦房店泡崖乡
138	3938	12136	12.6	瓦房店三台乡
139	3949	12207	138	瓦房店松树镇
140	3944	12151	54	瓦房店太阳升
141	3941	12202	116.7	瓦房店瓦窝镇
142	3956	12209	105	瓦房店万家岭镇

续表

序号	纬度/N	经度/E	高度/m	站名
143	3949	12144	26.1	瓦房店西杨乡
144	3927	12132	52.7	瓦房店谢屯镇
145	4001	12206	47.5	瓦房店许屯镇
146	3946	12147	46.4	瓦房店阎店乡
147	3939	12145	27.8	瓦房店杨家乡
148	3938	12206	99.6	瓦房店元台镇
149	3954	12200	90.9	瓦房店赵屯镇
150	3936	12128	62.1	瓦房店长兴岛
151	3948	12202	20	瓦房店西李屯
152	3946	12203	124.5	瓦房店得利寺镇
153	4000	12153	13.4	瓦房店土城乡
154	3946	12137	13.6	瓦房店驼山乡
155	3942	12132	20.8	瓦房店仙浴湾镇
156	3954	12153	52.2	瓦房店永宁镇
157	3950	12219	170	普兰店安波镇
158	3928	12229	37.7	普兰店城子坦镇
159	3930	12208	36	普兰店大谭镇
160	3955	12226	120	普兰店安波镇俭汤
161	3945	12216	122	普兰店乐甲乡
162	3936	12214	59.7	普兰店莲山镇
163	3942	12232	59.3	普兰店墨盘乡
164	3929	12143	53	普兰店炮台
165	3940	12208	97.9	普兰店沙包镇刘大
166	3940	12213	94.8	普兰店沙包镇
167	3948	12229	41	普兰店双塔镇
168	3948	12211	165	普兰店四平镇
169	3937	12156	5.2	普兰店郑沟
170	3955	12217	167	普兰店同益
171	3936	12224	63.4	普兰店星台

续表

序号	纬度/N	经度/E	高度/m	站名
172	3921	12210	38	普兰店大刘家
173	3929	12140	38	普兰店复州湾
174	3924	12209	30.8	普兰店夹河
175	3956	12218	274.3	普兰店和平
176	3930	12208	42.7	普兰店大谭
177	3923	12214	60.2	普兰店杨树房
178	3955	12226	252.5	普兰店转山
179	3916	12145	4	普兰店三十里堡
180	3905	12142	42.7	大连金州区金州老站
181	3913	12139	7.4	大连金州区大魏家
182	3915	12203	31	大连金州区登沙河
183	3912	12147	86	大连金州区二十里堡
184	3918	12160	30.5	大连金州区华家
185	3905	12201	25	大连金州区金石滩
186	3912	12156	61.5	大连金州区亮甲店
187	3914	12138	5	大连金州区七顶山
188	3903	12145	90.8	大连金州区十里岗
189	3916	12212	3	大连金州区杏树屯
190	3907	12205	4	大连金州区大李家
191	3908	12155	72.5	大连金州区得胜
192	3905	12154	34	大连金州区董家沟
193	3916	12156	48.6	大连金州区向应
194	3857	12153	13.8	大连金州区大窑湾
195	3856	12113	4	旅顺口区北海
196	3852	12107	17	旅顺口区江西
197	3856	12117	20.5	旅顺口区三涧堡
198	3852	12115	49	旅顺口区火石岭
199	3846	12111	38.5	旅顺口区铁山
200	3854	12118	28.5	旅顺口区长城

续表

序号	纬度/N	经度/E	高度/m	站名
201	3852	12119	28.5	旅顺口区龙头
202	3852	12114	48.5	旅顺口区水师营
203	3901	12142	4.7	大连大连湾
204	3856	12136	7.4	大连黑嘴子
205	3855	12134	22.5	大连马栏子
206	3860	12125	45	大连沙岗子
207	3856	12131	51.5	大连西山
208	3852	12132	23	大连凌水桥
209	3901	12130	26	大连革镇堡
210	3859	12123	28	大连营城子
211	3850	12108	57	大连羊头洼
212	3852	12124	50	大连龙王塘
213	3855	12134	31	大连沙河口
214	3856	12133	87	大连红旗
215	4058	12240	17	海城耿庄镇
216	4042	12255	12.8	海城析木
217	4119	12220	10	台安新台镇
218	4129	12220	17	台安西平镇
219	4132	12225	13	台安洪家镇
220	4131	12228	9	台安桓洞镇
221	4127	12219	14	台安桑林镇
222	4123	12226	13	台安台南区
223	4116	12220	3	台安富家镇
224	4111	12231	9	台安黄沙镇黄沙坨
225	4127	12233	13	台安西佛镇
226	4123	12237	15	台安达牛镇
227	4120	12228	10	台安新开河镇
228	4114	12217	2	台安新华农场镇
229	4111	12228	3	台安高力房镇

续表

序号	纬度/N	经度/E	高度/m	站名
230	4105	12226	2	台安韭菜台镇
231	4104	12236	8	海城
232	4101	12234	9	海城望台
233	4038	12253	98	海城岔沟
234	4042	12301	135	海城接文
235	4058	12225	18	海城西四
236	4107	12239	11	海城高坨
237	4054	12231	11	海城中小
238	4047	12233	8	海城感王
239	4057	12233	17	海城牛庄
240	4054	12237	18	海城东四
241	4102	12246	18	海城东四方台
242	4047	12242	48	海城毛祁
243	4047	12244	59	海城八里
244	4055	12248	39	海城南台
245	4048	12255	77	海城马风
246	4038	12240	105	海城英落
247	4050	12247	49	海城响堂
248	4013	12328	67	岫岩哨子河
249	4019	12337	61	岫岩大营子
250	4022	12327	96	岫岩红旗
251	4011	12326	55	岫岩岭沟
252	4003	12325	110	岫岩洋河
253	4006	12308	120	岫岩新甸
254	4008	12307	124	岫岩龙潭
255	4012	12311	125	岫岩前营
256	4016	12255	299	岫岩石灰窑
257	4021	12309	299	岫岩哈达碑
258	4040	12312	248	岫岩牧牛

续表

序号	纬度/N	经度/E	高度/m	站名
259	4036	12324	171	岫岩药山
260	4040	12331	186	岫岩石庙子
261	4035	12334	155	岫岩汤沟
262	4033	12329	135	岫岩黄花甸
263	4027	12333	118	岫岩朝阳
264	4024	12325	123	岫岩苏子沟
265	4044	12250	67	海城牌楼
266	4051	12241	27	海城西柳
267	4052	12255	38	海城王石
268	4034	12259	90	海城孤山
269	4104	12249	26	海城腾鳌
270	4110	12257	20	鞍山千山区宁远
271	4101	12303	122	鞍山千山区大孤山
272	4058	12302	151	鞍山千山区唐家房
273	4101	12255	52	鞍山千山区汤岗子
274	4102	12308	114	鞍山千山区千山
275	4109	12303	40	鞍山立山区立山
276	4109	12258	28	鞍山铁西区鞍钢西
277	4011	12321	110	岫岩杨家堡
278	4029	12320	168	岫岩大房身
279	4031	12309	256	岫岩偏岭
280	4153	12358	80	抚顺顺城区市政府
281	4134	12346	210.6	抚顺县海浪
282	4152	12354	80	抚顺新抚区河南水场
283	4143	12348	104	抚顺县拉古
284	4140	12352	204	抚顺县峡河
285	4154	12401	90.8	顺城区前甸
286	4143	12411	185	抚顺县后安
287	4149	12414	220	抚顺县汤图

续表

序号	纬度/N	经度/E	高度/m	站名
288	4158	12408	134	抚顺东洲区哈达
289	4138	12407	200	抚顺县救兵
290	4148	12405	164.5	抚顺县兰山
291	4132	12422	410	抚顺县马圈子
292	4146	12408	150	抚顺县上马
293	4157	12351	90	抚顺顺城区会元乡
294	4145	12355	90	抚顺望花区塔峪镇
295	4148	12404	115	抚顺东洲区碾盘乡
296	4153	12347	77	抚顺顺城区河北乡
297	4147	12358	137	抚顺新抚区千金乡
298	4200	12422	140	清原北杂木
299	4215	12440	255	清原夏家堡
300	4158	12507	471	清原湾甸子林场
301	4207	12515	407	清原南山城
302	4221	12504	260	清原土口子
303	4223	12451	214	清原大孤家镇
304	4218	12513	385.2	清原草市镇
305	4211	12445	391	清原枸乃甸乡
306	4210	12505	299.2	清原英额门镇
307	4155	12447	580	清原敖家堡乡
308	4158	12435	159	清原南口前镇
309	4155	12457	435.8	清原大苏河乡
310	4203	12445	202	清原北三家
311	4207	12511	299.2	清原药材基地
312	4126	12431	310	新宾苇子峪
313	4125	12445	405	新宾平顶山林场
314	4143	12450	288	新宾永陵
315	4131	12508	433.2	新宾红庙子
316	4140	12507	370	新宾红升水库

续表

序号	纬度/N	经度/E	高度/m	站名
317	4147	12511	380	新宾北四平
318	4141	12518	410	新宾旺清门镇
319	4119	12443	488	新宾大四平镇
320	4146	12438	233.8	新宾木奇镇
321	4151	12429	204	新宾上夹河镇
322	4158	12425	139.3	新宾南杂木镇
323	4137	12521	396	新宾响水河子乡
324	4121	12427	280	新宾下夹河乡
325	4139	12449	320	新宾榆树乡
326	4142	12403	140	抚顺县后腰林场
327	4100	12529	147	桓仁沙尖子
328	4111	12512	297	桓仁普乐堡
329	4128	12529	350	桓仁拐磨子
330	4124	12502	369	桓仁华来镇铧尖子
331	4112	12519	238	桓仁雅河乡
332	4112	12536	339	桓仁巨户沟
333	4106	12524	300	桓仁向阳乡
334	4121	12514	280	桓仁四道河
335	4119	12504	392	桓仁大恩堡
336	4103	12539	251	桓仁桦树甸
337	4125	12516	401	桓仁大川村
338	4122	12534	280	桓仁北甸乡
339	4119	12534	332	桓仁北甸乡
340	4113	12451	507	桓仁八里甸
341	4104	12403	340	本溪县草河掌
342	4128	12404	249	本溪县西麻户
343	4127	12356	183	本溪县肖家河
344	4127	12413	183	本溪县清河城
345	4108	12424	368	本溪县南孤山

续表

序号	纬度/N	经度/E	高度/m	站名
346	4056	12401	243	本溪县艾家村
347	4055	12344	318	本溪县石哈村
348	4117	12423	271	本溪县南甸镇
349	4109	12409	299	本溪县陈英村
350	4115	12429	305	本溪县碱厂镇
351	4114	12419	375	本溪县田师府
352	4121	12528	349	桓仁龙湖
353	4114	12407	261	本溪县小市镇朴堡村
354	4052	12435	210	宽甸灌水
355	4058	12500	291	宽甸牛毛坞
356	4060	12511	221	宽甸青山沟
357	4056	12520	172	宽甸步达远
358	4048	12456	351	宽甸硼海
359	4036	12433	125	宽甸毛甸子
360	4030	12433	230	宽甸杨木川
361	4020	12428	93	宽甸虎山
362	4040	12501	190	宽甸红石
363	4029	12449	80	宽甸长甸
364	4102	12449	402	宽甸八河川
365	4051	12508	206	宽甸太平哨
366	4033	12450	162	宽甸永甸
367	4018	12440	70	宽甸古楼子
368	4042	12437	150	宽甸青椅山
369	4042	12511	150	宽甸大西岔
370	4057	12439	190	宽甸双山子
371	4054	12529	155	宽甸下露河
372	4050	12447	336	宽甸大川头
373	4043	12336	255	凤城青城子镇
374	4026	12350	153	凤城宝山镇钟林村

续表

序号	纬度/N	经度/E	高度/m	站名
375	4011	12340	38	凤城沙里寨镇
376	4009	12354	40	凤城红旗
377	4019	12351	61	凤城白旗镇吴家村
378	4031	12355	180	凤城鸡冠山镇
379	4054	12428	242	凤城爱阳镇
380	4043	12414	169	凤城大兴镇
381	4033	12414	70	凤城大堡
382	4027	12420	57	凤城东汤镇
383	4020	12405	68	凤城边门镇
384	4056	12413	217	凤城赛马
385	4047	12403	159	凤城弟兄山草河岭村
386	4040	12358	134	凤城刘家河镇
387	4044	12348	212	凤城四门子镇
388	4046	12355	179	凤城通远堡镇
389	4045	12422	133	凤城石城子镇依家村
390	4003	12410	51	东港铁甲
391	4002	12329	70	东港罗圈背
392	4000	12354	14	东港太平
393	3952	12349	10	东港椅圈
394	4006	12405	50	东港长安
395	3960	12406	28	东港十字街
396	4002	12345	2	东港龙王庙
397	4000	12402	8	东港合隆
398	3949	12333	2	东港海洋红
399	3957	12330	2	东港新农
400	3951	12339	12	东港黄土坎
401	3952	12354	2	东港北井子
402	3952	12402	13	东港长山
403	3955	12336	19	东港小甸子

续表

序号	纬度/N	经度/E	高度/m	站名
404	4004	12418	11	丹东汤池镇
405	3958	12412	15	东港前阳
406	4007	12422	56	丹东英华山
407	4014	12418	49	丹东五龙背
408	4007	12418	31	丹东同兴
409	4009	12423	35	丹东元宝山
410	4013	12425	32	丹东楼房镇
411	4020	12417	48	丹东汤山城
412	4010	12418	60	丹东金山
413	4012	12427	17	丹东九连城
414	3959	12418	22	丹东安民
415	4006	12349	39	凤城蓝旗老虎洞
416	4005	12337	30	东港黑沟
417	4045	12526	135	宽甸振江
418	4044	12447	315	宽甸石湖沟
419	4122	12122	53.5	义县白庙子
420	4133	12128	55	义县大榆树堡
421	4125	12056	183.1	义县地藏寺
422	4142	12121	86.5	义县高台子
423	4135	12121	76.3	义县九道岭
424	4130	12119	68.5	义县巨粮屯
425	4130	12055	174	义县刘龙台
426	4124	12103	156.6	义县留龙沟
427	4127	12112	99.5	义县前扬
428	4146	12134	106.9	义县稍户营子
429	4132	12104	94.4	义县头道河
430	4138	12111	159	义县头台
431	4141	12130	108	义县瓦子峪
432	4122	12127	41	义县张家堡

续表

序号	纬度/N	经度/E	高度/m	站名
433	4103	12138	8.9	凌海安屯镇
434	4115	12125	22	凌海白台子乡
435	4111	12052	74.9	凌海班吉塔镇
436	4108	12057	65.1	凌海板石沟乡
437	4112	12059	95.2	凌海翠岩镇
438	4122	12127	41	凌海大业乡
439	4100	12119	11	凌海建业乡
440	4121	12136	28.7	凌海三台子镇
441	4120	12048	102.8	凌海沈家台镇
442	4114	12131	21	凌海石山镇
443	4106	12116	47.5	凌海双羊镇
444	4113	12108	78.6	凌海温滴楼乡
445	4059	12133	10	凌海西八千乡
446	4110	12131	15.3	凌海谢屯乡
447	4108	12121	18	凌海新庄子镇
448	4059	12126	12	凌海阎家镇
449	4107	12132	13.7	凌海右卫镇
450	4115	12117	28	凌海余积镇
451	4060	12113	10	锦州龙栖湾区娘娘宫镇
452	4130	12143	45.1	北镇鲍家乡
453	4144	12147	108	北镇大市
454	4146	12146	127	北镇大市镇
455	4131	12151	25.6	北镇大屯乡
456	4138	12147	81.7	北镇富屯乡
457	4133	12204	16.8	北镇高山子镇
458	4123	12140	13	北镇沟帮子
459	4129	12146	30.5	北镇廖屯镇
460	4130	12207	15	北镇柳家乡
461	4123	12140	19.6	北镇闾阳镇

续表

序号	纬度/N	经度/E	高度/m	站名
462	4133	12143	60	北镇罗罗卜镇
463	4130	12157	12.5	北镇青堆子镇
464	4124	12151	45.2	北镇吴家乡
465	4129	12203	12.1	北镇新立农场
466	4124	12152	16.3	北镇赵屯镇
467	4143	12143	63.3	北镇正安镇
468	4136	12155	22	北镇中安镇
469	4137	12117	150	北镇闾山风景管理区
470	4155	12205	89.6	黑山太和镇
471	4149	12160	66.2	黑山八道壕镇
472	4150	12152	148	黑山白厂门镇
473	4152	12226	39.8	黑山半拉门镇
474	4139	12217	15	黑山常兴镇
475	4136	12209	22.5	黑山大虎山镇
476	4139	12221	15	黑山大兴
477	4136	12204	25.7	黑山段家乡
478	4154	12204	76.8	黑山芳山镇
479	4142	12224	23.7	黑山姜屯镇
480	4146	12217	66.8	黑山历家镇
481	4133	12214	23	黑山四家子镇
482	4153	12216	36.9	黑山无梁殿镇
483	4200	12210	58	黑山新立屯镇
484	4138	12206	23	黑山新兴镇
485	4153	12211	45	黑山薛屯乡
486	4201	12221	53.9	黑山英城子镇
487	4048	12103	4.4	锦州经济技术开发区锦州港
488	4056	12128	3.5	凌海锦州盐场
489	4139	12221	15	黑山大兴
490	4136	12241	16	黑山段家

续表

序号	纬度/N	经度/E	高度/m	站名
491	4157	12205	48	黑山龙湾水库
492	4146	12212	29.6	黑山胡家
493	4145	12145	243	北镇大市天仙观风景区
494	4118	12113	43	义县七里河
495	4125	12107	114.9	义县大定堡
496	4040	12216	3.3	营口市区营口城区站
497	4041	12223	7	营口老边区边城
498	4036	12216	9	营口老边区二道
499	4038	12223	11	营口老边区柳树
500	4032	12220	4	营口老边区兰旗村
501	4020	12205	15	营口开发区营口港
502	4044	12213	48	营口老边区路南镇路南大兴村
503	4049	12219	2	大石桥石佛
504	4049	12210	3	大石桥水源
505	4050	12225	3	大石桥旗口镇
506	4034	12228	12	大石桥永安
507	4051	12216	3	大石桥沟沿镇青天闸
508	4046	12223	4	大石桥高坎镇
509	4041	12233	38	大石桥官屯镇
510	4043	12232	20	大石桥虎庄镇
511	4035	12235	38	大石桥南楼开发区
512	4031	12227	16	大石桥博洛铺镇
513	4031	12237	70	大石桥汤池
514	4032	12245	134	大石桥周家
515	4034	12240	87	大石桥三道岭水库
516	4028	12251	220	大石桥镇建一
517	4025	12247	163	大石桥黄土岭
518	4023	12252	296	大石桥吕王
519	4016	12207	18	营口鲅鱼圈区

续表

序号	纬度/N	经度/E	高度/m	站名
520	4013	12209	20	营口鲅鱼圈区红旗
521	4012	12204	3	营口鲅鱼圈区山海广场
522	4025	12239	83	盖州榜式堡
523	4025	12235	72	盖州高屯
524	4027	12292	43	盖州团甸
525	4030	12226	13	盖州青石岭
526	4023	12230	53	盖州暖泉
527	4020	12223	28	盖州徐屯
528	4021	12214	22	盖州沙岗子
529	4014	12215	43	盖州双台子
530	4006	12207	62	盖州九寨
531	4007	12200	12	盖州归州
532	4008	12211	36	盖州陈屯
533	4005	12215	96	盖州杨运
534	4010	12242	228	盖州矿洞沟
535	4013	12231	145	盖州梁屯
536	4005	12205	46	盖州二台子
537	4015	12244	212	盖州卧龙泉
538	4024	12243	165	盖州石门水库
539	4007	12240	172	盖州玉石水库
540	4207	12135	155	阜蒙招束沟镇
541	4218	12132	364	阜蒙八家子
542	4208	12210	65	阜蒙十家子镇
543	4228	12152	241	阜蒙平安地
544	4201	12200	108	阜蒙富荣镇
545	4155	12140	206	阜蒙新民
546	4213	12114	326	阜蒙福兴地镇
547	4213	12122	283	阜蒙旧庙镇
548	4220	12210	147	阜蒙建设

续表

序号	纬度/N	经度/E	高度/m	站名
549	4216	12114	277	阜蒙太平
550	4212	12120	301	阜蒙大五家子
551	4216	12220	116	阜蒙泡子
552	4207	12143	204	阜蒙阜新镇
553	4209	12152	236	阜蒙沙拉
554	4206	12201	136	阜蒙大巴
555	4207	12112	235	阜蒙化石戈
556	4204	12130	219	阜蒙王府
557	4156	12152	175	阜蒙大板
558	4154	12119	137	阜蒙东梁
559	4217	12139	324	阜蒙哈达户稍
560	4217	12150	274	阜蒙扎兰营子
561	4212	12112	252	阜蒙于寺
562	4201	12116	266	阜蒙紫都台
563	4208	12129	201	阜蒙红帽子
564	4202	12121	244	阜蒙七家子
565	4156	12127	146	阜蒙佛寺
566	4149	12124	131	阜蒙蜘蛛山
567	4148	12129	108	阜蒙伊马图
568	4149	12136	133	阜蒙卧凤沟
569	4151	12152	199	阜蒙国华
570	4203	12208	77	阜蒙苍土
571	4208	12211	102	阜蒙老河土
572	4216	12213	92	阜蒙大固本
573	4219	12154	186	阜蒙务欢池
574	4226	12204	134	阜蒙塔营子
575	4248	12225	250	彰武阿尔乡
576	4242	12229	223	彰武县古台
577	4243	12240	200	彰武四合城

续表

序号	纬度/N	经度/E	高度/m	站名
578	4234	12207	202	彰武满堂红
579	4234	12201	274	彰武四堡子
580	4235	12220	138	彰武大冷
581	4234	12230	132	彰武冯家
582	4235	12246	171	彰武后新秋
583	4234	12254	115	彰武大四家
584	4229	12208	140	彰武哈尔套
585	4228	12228	123	彰武前福兴地
586	4229	12238	94	彰武兴隆堡
587	4224	12248	93	彰武苇子沟
588	4223	12215	118	彰武平安
589	4221	12244	80	彰武东六家子
590	4218	12225	83	彰武五峰
591	4218	12234	100	彰武西六
592	4213	12231	74	彰武两家子
593	4226	12233	93	彰武兴隆山乡
594	4234	12237	125	彰武大德乡
595	4224	12222	104	彰武双庙乡
596	4230	12217	121	彰武丰田乡
597	4223	12240	81	彰武二道河子乡
598	4204	12136	133	辽阳
599	4056	12312	177	辽阳县下八会镇
600	4106	12321	69	辽阳弓长岭区汤河水库
601	4113	12329	51	辽阳弓长岭区葠窝水库
602	4125	12304	21	灯塔佟二堡镇
603	4120	12335	208	灯塔鸡冠山乡
604	4120	12311	27	灯塔西马峰镇
605	4128	12259	23	灯塔五星镇
606	4116	12249	20	辽阳县柳壕镇

续表

序号	纬度/N	经度/E	高度/m	站名
607	4108	12246	15	辽阳县穆家镇
608	4121	12250	14	辽阳县小北河镇
609	4106	12335	137	辽阳县甜水乡王家村
610	4058	12325	154	辽阳县河栏镇
611	4048	12308	258	辽阳县吉洞峪乡
612	4107	12311	102	辽阳宏伟区垃圾处理厂
613	4052	12319	208	辽阳县河栏镇算盘峪村
614	4128	12305	20	灯塔佟二堡镇徐家台村
615	4127	12334	62	灯塔柳河子镇
616	4057	12334	289	辽阳县甜水乡扬木村
617	4111	12333	122	辽阳县寒岭镇
618	4116	12324	52	辽阳文圣区小屯镇
619	4122	12319	38	灯塔张台子镇
620	4128	12311	23	灯塔柳条寨镇
621	4124	12327	62	灯塔铧子镇
622	4123	12307	23	辽阳太子河区王家镇
623	4121	12327	64	灯塔西大窑镇
624	4129	12323	53	灯塔大河南镇
625	4129	12317	40	辽阳文圣区罗大台镇
626	4126	12259	31	灯塔五星镇民生二村
627	4131	12305	24	灯塔市沈旦堡镇
628	4113	12256	15	辽阳县刘二堡镇
629	4119	12302	15	辽阳太子河区沙岭镇
630	4120	12254	14	辽阳县黄泥洼镇
631	4111	12244	13	辽阳县唐马寨镇
632	4053	12309	190	辽阳县隆昌镇
633	4059	12316	112	辽阳县下达河乡
634	4321	12344	119	昌图三江口镇海丰村
635	4225	12334	80	调兵山调兵山镇

续表

序号	纬度/N	经度/E	高度/m	站名
636	4223	12331	118	调兵山晓南
637	4224	12341	71	调兵山晓明
638	4228	12338	52	调兵山大明
639	4250	12424	161	开原莲花
640	4224	12411	61	开原松山
641	4221	12425	273	开原上肥地乡代庄子村
642	4228	12431	163	开原八棵树
643	4237	12353	91	开原八宝
644	4247	12415	191	开原威远镇
645	4216	12427	222	开原下肥地
646	4221	12406	130	开原马家寨
647	4229	12351	61	开原三家子
648	4222	12440	191	开原李家台
649	4217	12414	142	开原靠山
650	4233	12351	78	开原庆云镇
651	4230	12356	73	开原业民镇
652	4236	12404	101	开原老城镇
653	4227	12440	210	开原林丰乡
654	4211	12426	209	开原黄旗寨
655	4238	12401	113	开原金沟子
656	4226	12360	81	开原中固
657	4208	12353	117	铁岭县李千户
658	4206	12418	196	铁岭县鸡冠山
659	4228	12342	77	铁岭县双井子
660	4216	12333	61	铁岭县阿吉
661	4210	12406	186	铁岭县大甸子
662	4209	12341	182	铁岭县腰堡
663	4221	12355	81	铁岭县平顶堡
664	4217	12355	91	铁岭县熊官屯

续表

序号	纬度/N	经度/E	高度/m	站名
665	4203	12352	192	铁岭县横道河子
666	4207	12336	180	铁岭县新台子
667	4221	12337	63	铁岭县蔡牛
668	4222	12346	59	铁岭县镇西堡
669	4203	12418	195	铁岭县白旗寨
670	4321	12344	119	昌图三江口镇
671	4307	12404	143	昌图朝阳镇
672	4240	12340	80	昌图两家子
673	4255	12340	103	昌图长发镇
674	4257	12411	161	昌图双庙子镇
675	4256	12359	122	昌图四面城镇
676	4302	12407	144	昌图此路
677	4311	12401	140	昌图八面城镇
678	4310	12341	99	昌图古榆树镇
679	4316	12348	140	昌图付家镇
680	4302	12418	159	昌图毛家店
681	4259	12351	104	昌图东嘎镇
682	4246	12350	115	昌图大兴镇
683	4251	12409	158	昌图泉头镇
684	4310	12415	169	昌图老四平镇
685	4312	12411	160	昌图平安堡镇
686	4305	12355	113	昌图大洼镇
687	4304	12349	120	昌图前双井镇
688	4259	12343	107	昌图七家子镇
689	4255	12347	97	昌图宝力镇
690	4247	12400	140	昌图老城镇
691	4244	12354	99	昌图亮中桥镇
692	4248	12342	115	昌图金家镇
693	4302	12403	133	昌图四合镇

续表

序号	纬度/N	经度/E	高度/m	站名
694	4256	12417	172	昌图下二台镇
695	4248	12402	133	昌图太平镇
696	4251	12338	90	昌图后窑镇
697	4237	12340	78	昌图通江口镇
698	4239	12345	90	昌图十八家子镇
699	4245	12337	76	昌图大四家子镇
700	4242	12401	124	昌图马仲河镇
701	4251	12350	145	昌图头道镇头道村
702	4312	12354	110	昌图曲家镇
703	4236	12437	194	西丰房木
704	4253	12440	246	西丰德兴
705	4237	12457	282	西丰振兴
706	4232	12449	276	西丰和隆
707	4246	12430	202	西丰明德
708	4245	12453	201	西丰安民
709	4302	12444	304	西丰天德
710	4248	12438	201	西丰钓鱼
711	4256	12445	214	西丰柏榆乡
712	4259	12449	272	西丰平岗
713	4247	12447	237	西丰陶然乡
714	4242	12448	215	西丰更刻
715	4239	12450	241	西丰金星乡
716	4234	12440	200	西丰凉泉
717	4226	12457	287	西丰营厂乡
718	4238	12423	216	西丰成平乡
719	4243	12443	214	西丰六安
720	4213	12343	106	铁岭经济开发区凡河新区
721	4213	12351	118	铁岭经济开发区老官台
722	4219	12350	69	铁岭银州区双安桥

续表

序号	纬度/N	经度/E	高度/m	站名
723	4233	12406	115	铁岭清河区张湘
724	4234	12409	134	铁岭清河区杨木林子
725	4228	12422	144	铁岭清河区聂家
726	4138	12020	244	铁岭龙城区边杖子
727	4126	12010	222	铁岭龙城区大平房
728	4134	12010	221	铁岭龙城区工业园区
729	4130	12021	219	铁岭龙城区联合下三家
730	4133	12011	321	铁岭龙城区联合
731	4133	12022	214	铁岭龙城区西大营子
732	4137	12024	222	铁岭龙城区农业园区
733	4140	12024	320	铁岭龙城区召都巴
734	4104	11944	298	喀左南哨
735	4058	11938	312	喀左平房子
736	4053	11930	361	喀左山嘴子
737	4112	11933	432	喀左大营子
738	4108	11937	343	喀左官大海
739	4114	11946	380	喀左卧虎沟
740	4115	11951	313	喀左甘招
741	4118	11956	253	喀左水泉
742	4120	11951	296	喀左公营子
743	4101	11958	422	喀左尤杖子
744	4125	11949	397	喀左中三家
745	4110	11947	314	喀左兴隆庄
746	4108	11950	276	喀左东哨
747	4105	11937	342	喀左坤都营子
748	4052	11940	402	喀左白塔子
749	4111	11958	361	喀左羊角沟
750	4121	11950	310	喀左公营子工业园区
751	4107	11946	341	喀左大城子东山

续表

序号	纬度/N	经度/E	高度/m	站名
752	4117	12017	385	朝阳县北四家
753	4123	11957	323	朝阳县菠萝赤
754	4111	12012	400	朝阳县长在营子
755	4141	12015	315	朝阳县大庙
756	4126	12002	315	朝阳县东大道
757	4114	12037	115	朝阳县东大屯
758	4146	12017	273	朝阳县东五家子
759	4117	12033	286	朝阳县二十家子
760	4108	12034	151	朝阳县根德
761	4136	12002	306	朝阳县沟门子
762	4147	12019	340	朝阳县古山子劈山沟管理站
763	4106	12017	224	朝阳县黑牛营子
764	4132	12005	381	朝阳县贾家店
765	4059	12015	238	朝阳县六家子
766	4121	12002	227	朝阳县木头城子
767	4125	12024	250	朝阳县南双庙
768	4124	12038	273	朝阳县七道岭
769	4106	12020	205	朝阳县尚志乡
770	4114	12002	316	朝阳县胜利
771	4115	12043	111	朝阳县松岭门
772	4124	12009	232	朝阳县台子
773	4103	12009	312	朝阳县瓦房子
774	4101	12024	312	朝阳县王营子
775	4119	11958	254	朝阳县乌兰河硕
776	4138	12009	481	朝阳县西五家子
777	4122	12032	186	朝阳县西营子
778	4128	12003	338	朝阳县杨树湾乡
779	4058	11920	490	凌源北炉
780	4054	11857	476	凌源大河北

续表

序号	纬度/N	经度/E	高度/m	站名
781	4046	11907	330	凌源刀尔登
782	4044	11914	366	凌源佛爷洞
783	4038	11913	423	凌源河坎子
784	4115	11923	410	凌源牛营子
785	4047	11903	330	凌源三道河子
786	4100	11903	462	凌源三十家子
787	4102	11934	359	凌源四官营子
788	4054	11929	361	凌源四合当
789	4058	11913	565	凌源松岭子
790	4112	11914	489	凌源宋杖子
791	4119	11923	380	凌源万元店
792	4043	11908	320	凌源杨杖子
793	4048	11921	416	凌源沟门子
794	4050	11924	392	凌源三家子
795	4109	11931	357	凌源乌兰白
796	4109	11922	413	凌源瓦房店
797	4055	11905	414	凌源前进
798	4108	11915	515	凌源大王杖子
799	4118	11920	450	凌源小城子
800	4200	12027	450	北票大黑山
801	4149	12035	266	北票大三家
802	4154	12105	204	北票马友营
803	4137	12058	126	北票上园
804	4146	12053	134	北票下府
805	4152	12051	172	北票三宝
806	4131	12053	222	北票三宝营
807	4142	12049	123	北票大板
808	4149	12111	235	北票小塔子
809	4128	12045	234	北票巴图营

续表

序号	纬度/N	经度/E	高度/m	站名
810	4148	12102	155	北票长皋
811	4209	12041	394	北票北四家
812	4156	12037	260	北票东官营
813	4210	12059	284	北票台吉营
814	4154	12025	378	北票龙潭
815	4205	12051	308	北票宝国老
816	4212	12048	324	北票北塔
817	4154	12033	337	北票西官营
818	4137	12041	326	北票南八家乡
819	4158	12054	198	北票泉巨永
820	4121	12002	350	北票哈尔脑
821	4204	12040	381	北票娄家店
822	4135	12041	315	北票章吉营乡
823	4143	12106	135	北票常河营
824	4208	12058	237	北票黑城子
825	4154	12050	185	北票蒙古营
826	4146	12047	138	北票凉水河
827	4204	12059	304	北票兴顺德
828	4149	11921	549	建平太平庄
829	4209	11944	611	建平廿家子
830	4204	11926	512	建平黑水
831	4218	11928	720	建平哈拉道口
832	4156	11923	536	建平八家
833	4147	11953	594	建平青松岭
834	4136	11920	553	建平三家乡
835	4145	12000	540	建平喀喇沁
836	4139	11941	530	建平深井乡
837	4204	11942	420	建平马场乡
838	4209	11919	500	建平热水乡

续表

序号	纬度/N	经度/E	高度/m	站名
839	4212	11933	490	建平烧锅营子乡
840	4148	11927	554	建平奎德素
841	4201	11949	536	建平罗福沟
842	4214	11917	563	建平老官地
843	4134	11948	233	建平榆树林子
844	4151	11945	611	建平杨树岭
845	4130	11935	573	建平青峰山
846	4135	11928	583	建平沙海
847	4130	11935	562	建平小塘
848	4139	11955	480	建平朱碌科
849	4147	11941	639	建平张家营子
850	4200	11924	521	建平昌隆
851	4146	11921	551	建平白山
852	4201	11933	628	建平义成功
853	4130	12029	224	朝阳双塔区孙家湾
854	4141	12034	199	朝阳双塔区桃花吐
855	4136	12033	164	朝阳双塔区长宝
856	4138	12031	237	朝阳双塔区他拉皋
857	4132	12030	660	朝阳市区雷达站
858	4134	12026	192	朝阳市区气象局
859	4107	12211	3.3	大洼新立镇
860	4104	12157	3.7	大洼新兴镇
861	4105	12204	3.6	大洼田家
862	4104	12215	3.4	大洼新开镇
863	4102	12159	3.3	大洼清水
864	4056	12157	2.9	大洼赵圈河镇
865	4059	12216	3	大洼东风
866	4055	12203	3	大洼王家镇
867	4102	12209	3	大洼唐家

续表

序号	纬度/N	经度/E	高度/m	站名
868	4055	12214	3	大洼西安
869	4052	12210	3	大洼平安镇
870	4049	12207	3.3	盘锦辽东湾新区田庄台镇
871	4048	12205	2.8	盘锦辽东湾新区荣兴镇
872	4107	12204	24	盘锦市区兴隆台
873	4120	12148	3.4	盘山甜水镇
874	4121	12207	3.9	盘山大荒
875	4125	12210	3.9	盘山高升镇
876	4117	12138	3.5	盘山羊圈子
877	4114	12158	3.5	盘山太平镇
878	4114	12209	3.6	盘山陈家镇
879	4111	12205	3.8	盘山河闸
880	4111	12140	3.4	盘山东郭
881	4111	12157	3.6	盘锦双台子区陆家镇
882	4109	12208	3.8	盘山吴家镇
883	4108	12222	3.8	盘山沙岭
884	4107	12138	3.4	盘山石新
885	4108	12214	3.8	盘山坝墙子镇
886	4102	12145	3.2	盘山欢喜岭
887	4101	12221	3	盘山古城子镇
888	4047	12009	163	建昌药王庙乡
889	4044	11954	219.2	建昌雷家店子乡
890	4059	12006	304	建昌娘娘庙乡
891	4047	11940	393.3	建昌汤神庙乡
892	4031	11935	519.5	建昌新开岭乡
893	4054	11960	218.1	建昌玲珑塔乡
894	4039	11938	412.4	建昌碱厂乡
895	4037	11958	142.6	建昌大屯镇
896	4035	11935	461.4	建昌头道营子乡

续表

序号	纬度/N	经度/E	高度/m	站名
897	4032	11947	211.3	建昌养马甸子乡
898	4052	11952	398.5	建昌石佛
899	4046	11933	406.2	建昌王宝营子
900	4037	12001	132	建昌八家子
901	4043	11956	194	建昌黑山科
902	4034	11926	534.6	建昌要路沟乡
903	4041	12003	130	建昌杨树弯
904	4052	12006	182.3	建昌二道弯子
905	4041	11939	421.4	建昌喇嘛洞
906	4030	11949	163.3	建昌和尚房子
907	4036	11920	542	建昌老大杖子乡
908	4038	11931	501	建昌魏家岭乡
909	4045	11945	381	建昌素珠营子乡
910	4057	12004	245	建昌谷杖子乡
911	4044	11946	402	建昌宫山嘴
912	4032	11941	511	建昌贺杖子乡
913	4053	12011	204	建昌小德营子乡
914	4049	12002	229	建昌巴什罕乡
915	4048	12033	118	葫芦岛连山区杨郊乡
916	4050	12025	170.1	葫芦岛连山区新台门镇
917	4049	12046	51.5	葫芦岛连山区沙河营镇
918	4056	12033	149.7	葫芦岛连山区山神庙乡
919	4051	12057	23	葫芦岛连山区塔山镇
920	4055	12016	291.4	葫芦岛连山区孤竹营
921	4048	12044	75.3	葫芦岛连山区寺儿堡
922	4056	12038	105	葫芦岛连山区钢屯
923	4056	12021	288.4	葫芦岛连山区白马石乡
924	4043	12048	12	葫芦岛龙港区双树乡
925	4042	12057	12	葫芦岛龙港区望海寺

续表

序号	纬度/N	经度/E	高度/m	站名
926	4106	12045	109.4	葫芦岛南票区兰甲乡
927	4104	12033	210.2	葫芦岛南票区缸窑岭镇
928	4101	12052	59.4	葫芦岛南票区虹螺岘乡
929	4103	12052	66.8	葫芦岛南票区台集屯乡
930	4058	12045	121.6	葫芦岛南票区张相公
931	4054	12059	18.9	葫芦岛南票区高桥镇
932	4102	12056	40.8	葫芦岛南票区金星
933	4057	12059	34.2	葫芦岛南票区大兴
934	4104	12047	75	葫芦岛南票区黄土坎乡
935	4102	12040	92	葫芦岛南票区暖池塘镇
936	4108	12042	120	葫芦岛南票区沙锅屯乡
937	4028	11958	108	绥中葛家乡
938	4028	12006	79	绥中西平乡
939	4024	11959	126	绥中大王庙镇
940	4023	12014	61.2	绥中高台镇
941	4014	11948	148.6	绥中永安乡
942	4009	12000	47.6	绥中高岭镇
943	4023	11946	189.5	绥中秋子沟乡
944	4009	12008	14.1	绥中王宝
945	4031	12007	71.2	绥中宽邦
946	4018	12002	79.3	绥中范家
947	3960	11955	3	绥中万家止锚湾
948	4020	11944	497	绥中加牌岩
949	4006	11949	83	绥中李家
950	4014	12016	16	绥中荒地乡
951	4013	12022	7	绥中塔山镇
952	4014	11958	113	绥中前卫镇
953	4011	12012	22	绥中网户乡
954	4017	12015	49	绥中沙河乡

续表

序号	纬度/N	经度/E	高度/m	站名
955	4005	11958	11	绥中前所乡
956	4022	11953	152	绥中明水乡
957	4005	11956	29	绥中西甸子镇
958	4022	12006	90	绥中高甸子
959	4017	12025	7	绥中小庄子镇
960	4045	12020	238	兴城药王
961	4036	12021	96	兴城碱厂
962	4031	12014	55	兴城高家岭乡
963	4043	12030	62	兴城旧门乡
964	4040	12037	35	兴城白塔乡
965	4037	12011	89	兴城三道乡
966	4044	12033	82	兴城华山镇
967	4021	12029	8	兴城刘台子乡
968	4026	12031	34	兴城望海乡
969	4032	12026	54	兴城南大乡
970	4023	12021	28	兴城大寨乡
971	4042	12046	39	兴城元台子
972	4022	12026	6	兴城东辛庄
973	4037	12031	48	兴城红崖子
974	4029	12034	22	兴城沙后所
975	4025	12034	5	兴城海滨乡
976	4043	12025	123	兴城郭家乡
977	4031	12021	80	兴城围屏乡
978	4035	12040	36	兴城曹庄镇
979	4225	12231	84.2	彰武
980	4201	12139	144.9	阜新
981	4246	12407	165	昌图
982	4245	12319	119.6	康平
983	4230	12324	98.6	法库

续表

序号	纬度/N	经度/E	高度/m	站名
984	4201	12331	63	沈阳沈北新区
985	4217	12352	83.3	铁岭
986	4243	12445	197.4	西丰
987	4231	12403	99	开原
988	4206	12455	235.3	清原
989	4152	11937	661.8	建平
990	4149	12045	177.6	北票
991	4132	12027	176	朝阳
992	4122	11942	422.5	建平叶柏寿
993	4113	11921	417.5	凌源
994	4104	11943	298.3	喀左
995	4119	12122	28.3	凌海
996	4134	12146	69.2	北镇
997	4131	12243	20.6	辽中
998	4158	12248	31.9	新民
999	4131	12113	87	义县
1000	4140	12204	38.2	黑山
1001	4122	12225	8.5	台安
1002	4107	12107	70.2	锦州
1003	4110	12201	4.6	盘锦
1004	4104	12300	71.5	鞍山
1005	4139	12318	35.6	沈阳苏家屯
1006	4143	12327	45.2	沈阳
1007	4119	12346	182.5	本溪
1008	4113	12310	25.7	辽阳
1009	4125	12319	42.8	灯塔
1010	4117	12416	205.8	本溪县
1011	4155	12404	120.4	抚顺
1012	4143	12503	328.7	新宾

续表

序号	纬度/N	经度/E	高度/m	站名
1013	4116	12521	242	桓仁
1014	4047	11949	366.5	建昌
1015	4046	12049	26	葫芦岛
1016	4021	12021	16.3	绥中
1017	4034	12042	9.8	兴城
1018	4058	12204	4.8	大洼
1019	4040	12216	4.3	营口
1020	4052	12243	26.5	海城
1021	4025	12221	31.1	盖州
1022	4037	12228	12.1	大石桥
1023	4009	12209	38	盖州熊岳
1024	4052	12354	235	草河口
1025	4016	12316	80.8	岫岩
1026	4043	12446	261.5	宽甸
1027	4027	12403	74	凤城
1028	4002	12419	13.9	丹东
1029	3937	12201	119.8	瓦房店
1030	3904	12142	14.3	金州
1031	3923	12158	32	普兰店
1032	3925	12222	44.9	普兰店皮口
1033	3916	12234	30.5	长海
1034	3943	12257	35.9	庄河
1035	3952	12409	8.1	东港
1036	3849	12113	62.4	旅顺口
1037	3853	12137	97.3	大连
1038	4106	12012	183.2	朝阳县羊山

注：①纬度“4139”表示北纬41°39′，经度“12331”表示东经123°31′，其余同。②站名的“市”“县”省略，但市县同名时，只省略“市”，例如：“铁岭”表示铁岭市，“铁岭县”用全称。

参考文献

[1] 冯锐，武晋雯，纪瑞鹏，等. 低温胁迫下春玉米生长参数及产量影响分析 [J]. 干旱地区农业研究，2013，31（1）：183-187.

[2] 纪瑞鹏，车宇胜，朱永宁，等. 干旱对东北春玉米生长发育和产量的影响 [J]. 应用生态学报，2012，23（11）：3021-3026.

[3] 朱永宁，张玉书，纪瑞鹏，等. 干旱胁迫下3 种玉米光响应曲线模型的比较 [J]. 沈阳农业大学学报，2012，43（1）：3-7.

[4] 张淑杰，张玉书，李广霞，等. 辽宁省旱灾的分布特征及其成因分析 [J]. 中国农学通报，2013，29（5）：199-203.

[5] 赵先丽，张玉书，纪瑞鹏，等. 主要农业灾害对辽宁农业生产的影响 [J]. 中国农学通报，2013，29（20）：119-123.

[6] 冯锐，张玉书，于文颖，等. 干旱胁迫下玉米冠层光谱特征及与LAI相关性研究 [J]. 生态学报（英文版），2013，33：301-307.

[7] 张淑杰，张玉书，孙龙彧，等. 东北地区玉米生育期干旱分布特征及其成因分析 [J]. 中国农业气象，2013，34（3）：350-357.

[8] 孙龙彧，乔小湜，蒋大凯，等. 双分辨率集合卡尔曼滤波同化方案及模拟试验 [J]. 气象与环境学报，2013，29（5）：43-48.

[9] 蒋大凯，闵锦忠，才奎志. 雷达定量降雪估测技术的设计与订正 [J]. 热带气象学报，2013，29（4）：633-640.

[10] 于文颖，纪瑞鹏，冯锐，等. 不同生育期玉米叶片光合特性及水分利用效率对水分胁迫的响应 [J]. 生态学报，2015，35（9）：2902-2909.

[11] 于文颖，冯锐，纪瑞鹏，等. 苗期低温胁迫对玉米生长发育及产量的影响 [J]. 干旱地区农业研究，2013，31（5）：220-226.

[12] 于文颖，冯锐，纪瑞鹏，等. 利用MODIS数据提取水稻种植面积及精度分析 [J]. 中国农学通报， 2013，29（33）：32-36.

[13] 王宏博，冯锐，纪瑞鹏，等. 干旱胁迫下春玉米拔节—吐丝期高光谱特征 [J]. 光谱学与光谱分析，2012，32（12）：3358-3362.

[14] 陈鹏狮，于文颖，纪瑞鹏，等. 辽宁地区玉米生长发育及产量对温度和降水的响应 [J]. 中国农学通报，2014，30（27）：175-181.

[15] 米娜，纪瑞鹏，张玉书，等. 半湿润区雨养玉米农田水分利用效率对环境因子的响应 [J]. 生态学杂志，2013，32（11）：2911-2919.

[16] 张玉书，米娜，陈鹏狮，等. 土壤水分胁迫对玉米生长发育的影响研究进展 [J]. 中国农学通报，2012，28（03）：1-7.

[17] 蔡福，明惠青，米娜，等. 陆面过程模型CoLM与BATS1e的模拟精度比较——以东北玉米农田为例 [J]. 地理科学，2014，34（6）：740-747.

[18] 林毅，李倩，王宏博，等. 高光谱反演植被水分含量研究综述 [J]. 中国农学通报，2015，31（3）：167-172.

[19] 蔡福，明惠青，赵先丽，等. 温度条件对辽宁南部玉米生长发育和产量的影响 [J]. 干旱区资源与环境，2015，29（2）：132-137.

[20] 蔡福，明惠青，祝新宇，等. 陆面模式中植物根系吸水过程参数方案研究进展 [J]. 气象与环境学报，2015，31（4）：97-102.

[21] 赵先丽，张玉书，纪瑞鹏，等. 辽宁主要农业灾害时空分布特征 [J]. 干旱地区农业研究，2013，31（5）：130-135.

[22] 蔡福，明惠青，赵先丽，等. 植被地表反照率动态模拟方法比较——以玉米农田为例 [J]. 气象与环境学报，2014，30（5）：78-82.

[23] 武晋雯，孙龙彧，李书君，等. 低温胁迫下玉米高光谱特征及产量构成的相关分析 [J]. 中国农学通报，2015，31（15）：33-37.

[24] 张黎，尹洪涛，张国林. 辽宁西部地区霜冻致灾风险指数特征分析 [J]. 中国农学通报，2015，31（6）：204-209.

[25] JIANG Da-kai（蒋大凯），MIN Jin-zhong（闵锦忠），CAI Kui-zhi（才奎志）. The design and correction of a quantitative method of snow estimate by RADAR [J]. Journal of Tropical Meteorology，2015，21（1）：92-100.